活在当下的勇气

[日] 岸见一郎 著

渠海霞 译

中国科学技术出版社

·北 京·

Original Japanese title:IMAKOKO WO IKIRU YUKI

Copyright © 2020 KISHIMl Ichiro

Original Japanese edition published by NHK Publishing, Inc.

Simplified Chinese translation rights arranged with NHK Publishing,Inc.

Through The English Agency(Japan)Ltd.and Shanghai To-Asia Culture Co.,Ltd.

北京市版权局著作权合同登记 图字：01-2021-0159。

图书在版编目（CIP）数据

活在当下的勇气 /（日）岸见一郎著；渠海霞译 .
— 北京：中国科学技术出版社，2021.5（2025.3重印）
ISBN 978-7-5046-9021-0

Ⅰ.①活… Ⅱ.①岸…②渠… Ⅲ.①成功心理—通

俗读物 Ⅳ.① B848.4-49

中国版本图书馆 CIP 数据核字（2021）第 063925 号

策划编辑	杜凡如　赵　嵘　吕赛熠	
责任编辑	陈　洁	
封面设计	马筱琨	
版式设计	锋尚设计	
责任校对	吕传新	
责任印制	李晓霖	

出　　版	中国科学技术出版社	
发　　行	中国科学技术出版社有限公司	
地　　址	北京市海淀区中关村南大街 16 号	
邮　　编	100081	
发行电话	010-62173865	
传　　真	010-62173081	
网　　址	http://www.cspbooks.com.cn	

开　　本	880mm×1230mm　1/32	
字　　数	100 千字	
印　　张	7	
版　　次	2021 年 5 月第 1 版	
印　　次	2025 年 3 月第 5 次印刷	
印　　刷	北京盛通印刷股份有限公司	
书　　号	ISBN 978-7-5046-9021-0 / B·69	
定　　价	59.00 元	

译者序

　　人人都希望青春永驻、健康长存，可生老病死本就是自然界不可逆转的规律，很多时候我们不得不怅然地面对人生中的衰老、疾病，甚至死亡。即使你正值盛年、活力满满，恐怕也难免会从至亲好友甚至是陌生人那里感受到生命的无常与脆弱。特别是2020年席卷全球的新冠肺炎，更让人们深刻体会到生命在自然面前的渺小与无助。如何正确面对这样的不安与惶恐，让自己穿越生命中的种种荆棘险路，活出自己的人生意义，也就成了当前备受关注的一大课题。日本当代著名哲学家、阿德勒心理学研究者、著名作家岸见一郎继《被讨厌的勇气》《幸福的勇气》等"勇气系列"之后，于当前全球共克新冠肺炎的特殊时期及时推出本书，可谓是给读者送来了一份"勇气"之礼。

本书是作者在NHK（日本公共媒体机构）文化中心京都学习班讲授哲学的内容汇编。全书共分6讲，分别从"哲学能做什么""如何获得幸福""人际关系是烦恼之源""从衰老和病痛中学习""死亡并非终结""活在当下"6个部分讲述了哲学在人生中的重要意义，获得幸福的方法，人际关系的处理，面对衰老、疾病和死亡的正确态度以及真实活在当下的重要性。其中，无论是作者对生命的理解，还是其对读者的提议，无不透露出一位睿智的哲学家兼心理咨询顾问的智慧与平和。虽然书中讲的是老、病、死这样沉重的话题，但作者用平静的语气缓缓道来，令人读之如沐春风并时感茅塞顿开。

倘若世上有可以让岁月逆转的时光机，你是选择乘着它回到过去，还是想要飞到未来看一看那时的自己和世界？作者借用阿尔弗雷德·阿德勒的理论告诉我们，这一切都大可不必。因为我们不仅留不住"过去"，也根本无法拥有"未来"，唯一可以把握的或许就只有"现在"。正如罗马帝国皇帝马可·奥勒留在

《沉思录》中所言——"即使活上三千年，甚至三万年，你也应该记住：人所失去的，只是他此刻拥有的生活；人所拥有的，也只是他此刻正在失去的生活。"所以，我们既要放下过去，又要放过未来，不必因无可逆转的事情懊悔，也不必为尚难预料的事情焦虑，唯一要做的就是把握现在、活在当下。正如作者最后给出的建议那样，面对生命中的一切"遇见"，既不盲目悲观也不盲目乐观，而是脚踏实地做好能做之事，戒骄戒躁、真实自然地活着。这或许也是我们应对浮躁时代种种乱象，活出自己人生意义的明智选择。

最后说明一点，由于本书出现了很多阿德勒以及其他作家的著作，但未能找到中文对应译本，因此，本书关于阿德勒著作的书名和其他作家著作的书名是基于译者的经验进行翻译，希望读者能更方便阅读。

聊城大学外国语学院教师，北京师范大学文学院在读博士

渠海霞

2020年11月24日

前　言

　　本书是我在NHK文化中心京都学习班讲授哲学的内容汇编。讲座原本计划是在2019年10月至2020年3月，其间每月举行1次，共6次。但是，第6次因为新冠肺炎疫情而被两次延期，最后被迫终止。因此，本书的第6讲便成了并未实际进行的"虚构的讲义"。

　　不过，我已经构思好了大致的话题流程，所以便想在本书中将其悉数呈现出来。因此，在写完前5讲之后，我一边回忆着之前与听众的交流，一边写下了答疑部分。希望大家读起来不会与前5讲有太大的违和感。

　　我向来认为在大学给学生讲课与有着各种各样背景的人说话是不同的，后者是一件困难的事情。对什么样的事情感兴趣往往因人而异，于是我便会困惑于举什么样的例子来进行讲解。

但是，假如不举例讲解的话，话题马上就会陷入抽象化，而讲哲学最忌讳抽象化。哲学要综合各种条件来思考，在这个意义上来讲，它是一门具体化的学问。因此，谈哲学的时候绝不可以脱离生活。

　　尽管如此，哲学又是一门具有普遍性的学问，所以我在讲解的时候打算尽量避开过于现代化的话题。但是，为了思考如何度过当今时代，第6讲也谈到了眼下全世界所面临的新冠肺炎疫情问题。不过，比起当今时代正在蔓延的新冠肺炎疫情，我更希望能够引起大家对于当生活受到疾病或死亡威胁之时该如何活着这一问题的思考。故而，我在讲解的时候也举了一些其他类似事例。

　　例如，古希腊柏拉图的著作之所以至今仍然被许多人喜爱并丝毫没有过时，就是因为柏拉图所生活时代的问题至今依然存在，跟柏拉图时代比，人类几乎没有进步。

　　关于如何度过人生这一问题，很难简单地得出一个答案，或者说根本没有答案。即便如此，如果人们能够懂得该如何思考或者如何明确思考路径的话，就能够用不同的视角去看待所面临的难题或者在身陷困境之时冷静思考。

有一次，我在哲学成绩表上给某个学生打了"优"。结果，班主任老师疑惑地问我说："这个学生其他课的成绩都不好，为什么唯独哲学能够取得好成绩呢?"我回答说："学习哲学不需要背知识点，重要的是面对人生的姿态，而这个学生常常能认真地独立思考自己所遇到的困惑。"

前面我写到自己一直感觉与有着各种各样背景的人讲话是一件困难的事情。而这次在NHK文化中心讲座听课的诸位都有一个共同点，那就是，与那位哲学取得好成绩的学生一样，大家都能够认真地去思考一些很多人认为理所当然的事情。这一点或许从本书所收录的答疑部分也能够看出来。

假如本书能够邂逅有缘之人，对我来说实在是一件喜出望外的事情。

目　录

第1讲　哲学能做什么

第2讲 如何获得幸福

第3讲 人际关系是烦恼之源

活在当下

第 **1** 讲

哲学能做什么

我年轻的时候也曾讲过哲学，但那时候来听讲的人并不是很多，而现在能有这么多人来听讲确实令我出乎意料，因此，非常感谢大家的支持！

哲学难吗

如果要问哲学难还是不难，答案是难。因为，哲学所关注的是我们平时并不怎么思考的问题。

我总是把苏格拉底看成哲学家的典范。他在70岁的时候遭到了审判，最后被雅典法庭以侮辱雅典神和腐蚀雅典青年思想的罪名判处死刑。生平第一次出庭的苏格拉底在其辩护演讲的一开始便讲到请大家在语言方面多多包涵，希望大家只关注自己讲的内容是否正确。

所以我在本书中也尽量不使用专业术语，以免大家因语言艰深晦涩而导致理解困难。不过，即使语言通俗易懂，讲的内容或许也并不简单。

谁都能学会哲学

　　曾经有人问我哲学是否只有在大学里才能学，其实不然。苏格拉底就常常在城市的广场上与青年交谈，与柏拉图或亚里士多德不同，他并不给学生讲课。

　　假如现在想要在大学里学习哲学，情况或许就不同了，如果是日本京都大学的话，外语是必修课。虽然我的专业是希腊哲学，但我既要学现代语，也要学希腊语和拉丁语。即使学现代哲学，考研的时候也必须参加希腊语或拉丁语的考试。

　　那么，是否不学外语就不能学哲学呢？答案是否定的。我于1984年买了苹果公司的麦金塔（Mac）电脑，当时大约花了100万日元。起初我还在考虑要不要买，最后决定用研究生院的奖学金来买，结果花了30年来偿还这笔奖学金。史蒂夫·乔布斯于2011年10月5日去世，我和他年纪相仿，所以年轻的时候，我也和他一样有相似的梦想。那时麦金塔电脑的广告词是这样的：The Computer for the rest of us（专为外行的人设计的电脑）。

意思就是，这不是一台为专家设计的电脑，而是面向专家之外的"普通人的电脑"。

我认为哲学也应该如此。它不只是被专家独占的学问，谁都能学会才是哲学本来的模样。

虽说如此，但一想到要学哲学，一些人还是会紧张。我自己就有过这种经历。日本高中课程中有伦理社会这门课，我在这门课上生平第一次接触到哲学这门学问。有一天，老师讲到了柏拉图的"哲人政治论"。讲的内容是，如果现在的政治家不学习哲学或者哲人未成为政治家，人类的不幸就不会停止。听了之后，我不由自主地紧张起来。

于是，老师看着我说："没事儿，不必紧张，等我讲了之后，你马上就能明白了。"

实际上，老师的课总是非常明快易懂，他讲课似乎是一场令人愉悦的交谈。

我后来在大学里任教时也想这样讲课。我不知道自今日开始讲的内容能否达到这样的效果，但我会尽力去讲。

哲学有用吗

其实，我走了一段长长的弯路，所以，上研究生的时候我已经25岁了，并且那一年母亲又因突发脑梗死病倒了。母亲病倒的时候，父亲还在上班，而妹妹已经结婚离开家，于是，就由当时还是学生的我来看护生病的母亲。

那时我每周都会去参加在一位大学老师自己家中举办的柏拉图读书会。当我打电话告诉老师因为要照顾生病的母亲而暂时不能去参加读书会的时候，老师对我说："越是这时候，哲学越有用！"

听了老师的话，我非常吃惊。因为我从来没有想过"有用"这样的词能用来形容哲学。

老师为什么会说哲学越是在这个时候越有用呢？母亲不久便失去了意识，躺在医院的床上动弹不得。那种时候，如果我没有学习哲学的话，或许就只能一味地绝望。多亏学习了哲学，我才能够冷静地面对现实。

像母亲这样丧失了行动能力并且失去了意识的人，究竟是否还有活下去的价值呢？人生的意义何在？我在母亲的病床边拼命思考着这些问题。

那时候我也读了很多书。我在读了马可·奥勒留的《沉思录》后，希望自己能像马可·奥勒留那样，通过将每天的所思所想写在日记本上以保持精神平衡。也是由于这个意义，我才真正明白了老师所说的越是在这种时候哲学越有用的含义。

如果要学，就一定要学习有用的哲学。既然是学习哲学，学之前和学之后的人生必须有所不同。若非如此，我们就失去了学习哲学的意义。

何谓哲学

我们已经开始谈论哲学了，但还没有说明"何谓哲学”这一关键问题。

哲学在希腊语中称为"philosophia"〔philos（爱）+ sophia（智慧）〕。现代语对其未加以翻译而是直接使用，例如，英语中叫作"philosophy"（哲学）。

这个词在希腊语中的意思就是"热爱智慧"。但是，在日本被译成了"哲学"，因此就无法明白其本来的意思了。为了体现希腊语中"热爱"的意思，日本学者也曾将其翻译成"希贤学"或者"希哲学"。"希"即"希求"之意。

在本书中我并不介绍这个词如何转化成该译语的过程，以及原来的"philosophia"一词出自希腊文献何处之类的问题。

但是，如果现在我们使用"爱智慧"或者"热爱智慧"之类的语言来为哲学一词下定义的话，那可以称得上是一种质疑既成价值观或常识的精神。接下来我们要思考的是平时不怎么思考的问题，例如，我将会在第2讲中谈到的成功是否就意味着获得幸福这样的问题。

在日本，无论是父母还是孩子，全都以考大学为成功的目标，并且他们认为大学毕业后，如果能够到所谓的一流企业就职就是成功。对这样的发展路径深信不疑者大有人在。

我是常年做心理咨询工作的，我知道只有那些脱离了多数人认为理所当然的人生发展路径的人才会来进行心理咨询，于是我就会和这样的人一起思考成功是否就意味着真正获得幸福这一问题。所以，希望大家明白一点：思考之前从未思考过的事情就是哲学。

不仅是既成价值观或者常识，当今世上必须认真思考的事情可谓是层出不穷。例如，政治家说的话是真的吗？关于这一点我们应该常常保持存疑。

苏格拉底就很好地践行了存疑的理念。有一次，他接到了"没有像苏格拉底那样有智慧的人"这样的神谕。那时，苏格拉底并非孤军奋战，他身边有一个非常热心的人，这个人跑到德尔菲神殿问阿波罗："有比苏格拉底更有智慧的人吗？"

苏格拉底大为震惊，因为他"自知自己根本不是一个智者"。因此，为了反驳神，苏格拉底遍访被称为智者的人并对其发问。于是，他最终明白了一件事：被称为贤能或者有智慧的人实际上并非如此。

因此，苏格拉底理解了神谕的意思，那就是：其他的人不知道他们自己无知，但苏格拉底知道自己一无所知，仅仅是在这个意义上，苏格拉底贤于别人。如果当众揭穿一无所知的事实，被揭穿者肯定不高兴。所以，苏格拉底招致了憎恨。不久，年轻人都开始效仿苏格拉底的行为。

我在前面也提到，哲学虽然很难但大家不必过于紧张，此外哲学的话题也并不是一些令人听了之后心情愉悦的事情。但是，学习哲学一定会产生巨大影响，使人生发生变化。接下来谈论的事情恐怕也不怎么悦耳，或许也不会给人以愉快的感觉。

想要学习哲学的契机

接下来我讲一下自己想要学习哲学的契机。大概是小学三年级的时候，我的祖父、祖母、弟弟相继去世。这个时候我生平第一次意识到"死亡"的存在。

这对我造成了极大的打击。虽然眼下我可以进行思考并获得感知，但一旦死去，或许一切都将归于虚无。这么一想，我便十分恐惧。不过，周围的大人们却像完全没有意识到"死亡"的存在一样，依然平静地生活着，这令我很不解。

从那之后相当长的时间内，我陷入了精神低落、茶饭不思的状态，我迫切地想要弄懂何谓"死亡"。这就是我想要学习哲学的契机。

当然，当时还是小学生的我并不知道有哲学这门学问的存在。我最初的梦想是成为一名医生，因为我认为如果学医学的话或许就可以了解死亡甚至挽救生命。

但是，我所惧怕的并不是身体的消亡，而是人格的消失。当意识到这一点的时候，我认为研究身体的医学似乎无法解决我所探求的问题。如果当时知道精神医学存在的话，我的人生或许就会不同了。

上高中之后我才遇到前文提到的教伦理社会这门课的老师，在他的影响下我对哲学产生了浓厚的兴趣。然而，当我把自己想要在大学或者研究生院学习哲学的想法告诉父亲时，他竟然表示反对。

我想父亲根本不了解哲学，但是像父亲那个年纪的人大概都知道有个学生自杀的事件。这个学生叫藤村操，他是日本北海道旧制第一高级中学的学生，不知受何刺激留下意思为"生不可解"之类的话便跳进日本日光市华严瀑布自杀。因此，父亲便担心我会轻生，所以才反对我学哲学。

此外，父亲之所以会反对或许也是因为他觉得即使学了哲学，家庭经济条件还是比较拮据。

就连我尊敬的教伦理社会这门课的老师也反对我学哲学，理由也是将来经济方面或许会比较窘迫。

但是，老师在看到了我的坚定决心之后，突然转变了态度，开始大力支持我。从那之后有好几次周六放学后，我都得到了老师的单独辅导，一起读马克思的《政治经济学批判》序文。当然,那时读的是译本,但教科书上也有德语的原文,所以我便告诉老师还想一起读德语原文。于是,老师也没有问"一个高中生怎么会德语"之类的问题,爽快地陪我一起读德语教科书。其实我从初中就开始学德语了。

学哲学肯定不以赚钱为目的。古希腊哲学家泰勒斯有一次预测到第二年夏天橄榄将会大获丰收,于是便包购了橄榄榨油机。到了第二年夏天,等橄榄丰收的时候人们才发现没有橄榄榨油机。这时,泰勒斯将橄榄榨油机以高价售出,一下子变成了大富翁。但是,大家不要对任何事都贸然判断。这个小故事只是要告诉大家,泰勒斯认为赚钱绝不是人生大事,但哲学家也并不是不会赚钱,他们只是不想赚钱而已。即使想赚钱也要弄明白为什么这么做。关于这一点,我将在第2讲中探讨。

像这样,金钱和经济方面的成功是否就意味着幸福之类的问题也是需要认真思考的。于是,我开始学习哲学。

哲学需要具体思考

接下来讲一下哲学是怎么一回事。其实哲学是一门具体的学问，而数学或者算术之类的是抽象的学问。这么说，可能很多人会很吃惊。那么，我举例来说明：有五只麻雀停在电线上，用枪击落其中的一只麻雀，电线上还剩几只麻雀呢？

如果按照算术或数学思维的话，答案是四只。但是，事实上并不是四只。因为受到枪声的惊吓，麻雀飞走了，电线上一只麻雀也没有了，所以正确答案是零。将麻雀受到枪声惊吓而飞走这一条件也考虑进去，这就是哲学，具体思考也就是这个意思。

如此想来的话，说数学或算术是抽象的学问，倒是容易理解。那么，政治学或者经济学又怎么样呢？我们必须清楚这类学问也是抽象的学问。

因为经济学和政治学都是抽象的学问，所以人们利用经济学和政治学思考问题时并不会去考虑现实中的所有条件。因此，在思考某种政策或者对实际问题的处理，以及当前正在发生的事情将如何进展的时候，经济学和政治学有时并不能很好地发挥作用。例如，如果没有生活实感，仅仅通过数字去分析消费税的提高，这似乎并没有太大用处。

相反，哲学是帮助人们在了解具体情况的基础上，也就是参考所有条件和状况，从实际生活出发，脚踏实地地去思考问题。

发生灾害或事故的时候，有的人会把伤亡者仅仅看作是一串数字。甚至会有人发表"死者人数比估计的少，还算万幸"之类的言论。但是，对于失去亲人的家庭来说，亲人之死将会直接改变整个家庭的生存状况。因此，绝不可以说因为只有一人伤亡，所以不算是重大灾害或事故。

虽说如此，但学问至少还是需要一定的抽象性。如果想要个别地去考虑所有事物的话，那将无法形成学问。

不仅是学问，其他事情也是如此，对于有的人适合的事情并不一定也适合自己。例如，关于父母不可以训斥或者表扬孩子之类的说法，如果只是当作经验教条来进行学习的话，根本无法奏效。因为，每个孩子都不相同，而且，孩子也在不断成长，所以，即使是同一个孩子也不会一直保持不变。父母必须根据每个孩子的不同成长阶段的具体情况来采取不同的对策。如果只是学习经验教条的话，就会不知道如何去应对。因此，人们必须个别地、具体地去看待事物。即使如此，人们也必须同时弄清楚一般性的原则。

关于哲学是具体性的学问，再举一个例子的话，那就可以谈一谈由于想象力不足而无法具体思考这一点。

例如，战争的时候，一旦敌人出现在面前，如果你不想用枪射击对方的话，自己马上就会被对方杀掉。所以，如果想要保护自己，那你就必须扣动扳机。然而，第二次世界大战的时候，实际情况是怎样的呢？大约有三成的士兵在扣动扳机的时候犹豫了。因为，虽然自己也有可能被杀死，但一想到如果开枪的话被自己杀死的对方也是有家人的，就无法扣动扳机了。

因此，在后来的战争中就通过导入一种游戏来进行训练，以便使士兵能够做到敌人一旦出现在眼前就立即扣动扳机或者按下导弹的发射按钮。这种训练很奏效，大大压制了士兵的想象力。

被排除的价值

对古希腊的哲学家来说，自然不是物质，而是有灵魂的存在。他们并不把自然看作是没有生命的物质，我认为这种感觉才是理所当然的，但现如今它似乎正在消失。

井水常年都保持着相同的温度，一整年都在18℃左右。但是，冬天的时候人们却感觉井水比较温暖；相反，夏天就觉得井水比较冰凉。

可是，按照今天的自然科学来讲，这种感觉并不真实。井水全年保持18℃是一个事实，感觉凉或者暖则是人们的一种主观判断。

自然科学往往从世界的终极本质去思考"事物"，这种思维方式在希腊也曾经存在过。有一位名叫德谟克利特的哲学家指出咸甜或冷暖其实并不是真实存在的，那只是人们自己编造出来的一种惯例或规定而已。

吃东西的时候是否感觉咸仅是本人的主观感觉。在这种世界观之下，不仅是感觉，就连生命、心灵、目的或者价值等也只是一种主观臆造。但是，自希腊时代以来，也有人认为在世界的终极存在中包含着生命、心灵、目的和价值。

假如将生命、心灵、目的和价值等从这个世界上排除出去的话，会产生什么样的问题呢？这一点我们必须认真地进行思考。

首先，就现实问题来讲，世界上会出现一些意欲保持价值中立的人。政治家在进行发言的时候，报纸上会出现"似乎产生了批判"之类的新闻。为什么报社不进行批判并对问题进行追究呢？虽然我认为批评政府的错误是媒体的使命之一，但如果保持价值中立的话，就不必对发言负责，于是就会采取上面的写法。但是，必须得说的是：新闻工作者代替受众预先进行价值判断才更奇怪。

相反，也有想要把价值强加于人者。苏格拉底就是一位爱国者，但是，他将国家和政权严格区别开来。作为真正的爱国者，倘若当时的政府所做的事情有不妥之处，他就应该大胆地进行批评。

在日本，现在有的官员为了明哲保身，往往袒护政治家的不当行为，唯命是从地发表一些虚伪言论。而那些敢于说"这样做不对"的人才是真正的爱国者。

也有人想要将道德强加于人。比如，事物正确与否本应该由自己去判断，而有的人却想要自上而下强制别人接受。道德甚至被定为一个科目，还被打分给出成绩，这其实是根本不可能的事情。

哲学往往会彻底地质疑既成价值观，它是一门能够独立思考事情正确与否所必需的学问。

有人批评日本内阁府主页上将"共生社会"翻译成"cohesive society"。一般来说，按照包含多样性这一意思理应使用"inclusive（包含的）"这个词。但如果是"cohesive society"的话，那就成了"统一的社会""团结的社会"的意思。

也就是说，从翻译词汇的选择来看，当今日本政府追求的似乎是大家团结一致构成的高度统一的社会。假如多样化，那就难以保持一致。当然，也并不是所有人的想法都正确。但是，我认为持有各种各样想法的人和谐共生，大家都能够自由表达自己的意见，这才是本来就该有的社会。

团结一致本身并没有什么不好。当发生灾害的时候，大家必须齐心协力、互帮互助。但是，一旦过于强调团结一致，大家就容易持有相同的想法，继而就会发生不赞同奥林匹克之类大型比赛的人遭到非难这样的事情。

而且，灾害也会被拿来加以利用。东日本大地震之后，"纽带"一词被频繁使用。人和人息息相关，这种感觉本身很重要。即使在发生灾害的时候，就像"请守护好自己的生命"这样的话被频繁广播一样，在守护自身被看作是自我责任的社会中，因为无法指望社会公助，所以也就只好通过自助或共助来相互守护。别人愿意帮助自己，自己也想着去帮助别人，大家互帮互助确实非常重要，但谁也不想被强制这么做。

像这样，价值一方面被排除，另一方面却被自上而下地强加于人，这正是当今时代存在的问题。即使是自上而下强加于人的事情，如果人们认真思考价值的话，就会不断地去验证其正确性，而哲学的作用正在于此。这一点，请大家一定要明白。

人类的行为没有价值就不被考虑

原本人类的行为没有价值的话就不被考虑。比如，当你松手的时候，粉笔就会从手里掉下去。粉笔没有意志，因此，它只会滑落下去被摔折。

但是，人类的行为并非如此。人类在行动之前首先会确定"目的"或"目标"，还会在想要采取某项行动的时候判断其行为是"善"还是"恶"。

这种善和恶就是"价值"。"善"和"恶"这两个词在希腊语中并不包含道德含义。"善"的意思就是"有好处"，"恶"的意思则是"无好处"。因此，人们会对想要做的事情是否对自己有好处做出判断。对于"无好处"的事情，人们不做，只做"有好处"的事情。

问题是，哪些事情对自己是"有好处"的呢？对此，人们有时会做出错误的判断。例如，那些认为"成功对自己有好处"的人就会拼命投入备考学习之中；那些深信"上学对自己是一种善的行为"的人就会不假思索地早早起来去上学。

然而，与那些仅仅是身体上物理性地移动到学校的孩子们不同，有的孩子甚至会去怀疑大家都认为是理所当然的事情，他们会认真思考去学校学习是否有意义和价值。

当孩子不愿意去学校上学的时候，家长应该耐心地问一问孩子为什么不愿意去学校。当孩子确信家长不会轻易打断自己，而是会认真听自己讲完的时候，他就会跟家长坦诚相见了。不过，家长一般都不会听孩子把话讲完。

理解和赞成是两回事。在听了孩子的想法之后，家长可能会赞成，也有可能会反对，但在表示赞成或反对之前，首先必须努力去理解孩子。

大人往往不太喜欢孩子自己思考。可是，从世俗或者传统的既成价值观和常识的立场出发对其进行压制是一种错误的做法。

当然，也并不是说大人不可以对孩子表达自己的意见。不过，这毕竟只是大人自己的想法，最好不要认为自己的想法就是真理而强加给孩子。大人对孩子表达了自己的想法之后，可能会被孩子采纳，但即使被孩子拒绝，也不可以发火。

话说回来，行为的目的或目标很多时候未必会被意识到。但是，如果能够弄明白的话，人们就可以进一步思考利于目标达成的更加高效的方法。

例如，某高中生在走廊与老师擦肩而过的时候没有跟老师打招呼。于是，老师叫住那个学生训斥说："竟然跟老师打招呼都做不到，从明天开始你不用来学校了！"

这个学生从第二天开始便不去学校上学了。后来，生活指导老师跟这个学生谈话时，问其是否因为想要报复那位对自己说"从明天开始不用来上学"的老师才不到学校上学。结果这个学生回答说："是的。老师您这么一说我才意识到，我想着如果我不去学校上学的话，老师一定会担心。"

一开始老师会担心，可是如果连续长时间请假不去学校的话，当老师一想到这件事时就会感到心里不安，这其实就是想要通过不去学校上学的方式对老师进行"报复"。生活指导老师说了下面的话："对你来说，老师是一个非常重要的人。但对老师来说，你仅仅是众多学生中的一个。即使你请假不去学校，老师也不会像你在意老师那样去担心你，心情更不会变得很糟糕。"

人虽然属于共同体中的一员，但并不是生活在其中心，世界也不是以自己为中心在转动。

生活指导老师接着说："你完全没有必要把自己置于不利境地，不去学校只会对你自己不利。假如认为老师的做法不对，那就去学校跟老师申诉，直接对老师说'我父母支付了学费，我有权利来听课'。如果老师还是冥顽不化，那就去找校长申诉。"

不过，老师无权因为学生不跟自己打招呼就对其说"不要来上学了"之类的话。

这个学生第二天就去学校上课了。

不去上学的目的是"报复"，但"报复"这一目的又包含在更高级的目的之中，这其中的含义需要继续思考。

如果不去考虑行为的目的或目标即价值的话，那将无从谈起。

人有自由意志。对于某个行为，人们可以选择做或者不做。

假如不认可自由意志，教育、育儿和治疗都将成为不可能的事情。因为有"人可以改变"这一大前提，所以教育和治疗才能成为可能。

在决定是否采取某种行动的时候，人必然会进行价值判断。比如，如果有学生在上课的时候走神，因为我非常反感这一行为，所以我会敲桌子想要去打断其走神；但如果是宽容而淡定地讲课的老师或许就不去理会。人都在不断地进行价值判断，思考如何应对才好。当有球飞过来时，人们会迅速躲闪；当看见红灯时，司机会马上刹车。所以，人们有时候也会做出这种紧急判断。

价值相对主义与虚无主义

本讲要介绍的最后一个问题就是，一旦到了完全不承认"善"和"恶"就是价值或者不承认价值是第一要义的时代或社会,那将会产生什么样的问题。

例如,在食物是否美味或者咸与不咸之类的问题方面可以承认个人的主观感受,但是否有害却不能凭主观断定。此外,某种行为是善是恶或者对自己是否有利,这也不能仅凭主观断定。但是,如果认为绝对的价值是不存在的,价值只是相对的,那就会陷入虚无主义,这也是一种价值相对主义。如此一来,又将会产生什么样的问题呢?正如日本哲学家三木清在《人生论笔记》中所说:"如果不希望独裁,那就必须克服虚无主义,从内部进行改变。然而,如今日本的很多知识分子虽然极端厌恶独裁,但自己又无论如何也无法摆脱虚无主义。"

如果是这样的话,那就真是遂了独裁者的愿。因为,在既有的稳固价值观基础上建立新的价值观很难,可是,要在零基础上建立新的价值观却非常简单。如此一来,价值相对主义便成了独裁的温床。

这样的事情不仅是在三木清生活的战前和战

中①，即使在今天也依然存在。一旦让大多数人停止思考，树立执政者所希望的价值观就成了一件容易的事情。

因此在日本便会发生这样的事情：高学历的年轻人成为宗教信仰者，他们被洗脑，然后犯下杀人罪。假如从小就一味只知道学习，对社会上发生的事情漠不关心，那就很容易发生这样的事情。那些自私自利的精英人物对社会可谓有百害而无一利。

本讲的主题是"哲学能做什么"。虽然我们必须对大千世界的种种事物不断进行彻底的思考，但我们对问题的思考似乎也免不了以"一无所知"而告终。

认为自己所知众多的人其实并不是真正的明白人。事实上，他们什么都不知道。所以，我们都必须回到苏格拉底"知道自己一无所知"这一原点。如果学习哲学的目的是想要找出一个具体的答案，那终将

---

① 战前和战中：根据日本的常识来讲，战前多指的是20世纪20年代初至30年代中，战中则多指1938年至1945年。——译者注

会无果。我们无法像往自动售货机里投入硬币便"咔嚓"一声出来饮料一样得到自己所寻求的东西。

即便如此，思维方式却会清晰起来。"该怎么思考才好"之类的思维方式在希腊语中称为"逻各斯"，也就是"理性"或者"语言"的意思。在本讲中大家可以学习这一思维方式。

答疑

Q 老师您研究的是阿德勒心理学，为什么没有选择
研究弗洛伊德或者荣格的理论呢？

A 首先，因为阿德勒心理学不是"原因论"，而是
"目的论"。在做心理辅导的时候，我很少问人们
过去所经历的事情。假如过去所经历的事情是当
前问题的原因，那么，除非有时光机器，否则问
题就不会解决。但事实是，无论之前经历了多么
痛苦的人生，一个人接下来的人生都可以改变。
不去找原因，而去关注目的，这正是解决问题的
良好开端。这就是我对阿德勒心理学产生兴趣的
一个重要理由。

其次，我们把阿德勒开创的心理学称为"个体心
理学"。这里的"个体"包含多层意义，总而言
之就是：并非一般的人，而是"这个人"，同样
的人绝无第二个。个体心理学就是探讨独一无二

的"我""个人"的心理学。所以,其他心理学即使再有趣也并不适合我,这就是我学习阿德勒心理学的第二个理由。

第三个理由就是阿德勒的思想是哲学,因此有着很好的理论依据。并且,阿德勒使用的语言简单易懂。阿德勒几乎不怎么使用专业术语,在这一点上,阿德勒与苏格拉底一样。不过,语言虽然简单易懂,但阐述的问题却并不简单。同时,因为阿德勒不怎么使用术语,所以阿德勒心理学是谁都能够学会的心理学。从这个意义上讲,阿德勒心理学又是"Psychology for the rest of us"(专为外行的人创立的心理学)。

Q 您刚刚提到不盲目地断定自己的想法就是绝对正确。那么,是不是也没有绝对的善恶呢?

A 阿德勒说"我们并不拥有绝对的价值"。所谓不拥有或者说"不持有"绝对的价值并不是"没有"

的意思。

因此，关于善恶，我们要不断地进行验证，这就是哲学的精神。最终，我们并不知道能否达成绝对的善。但如果我们并不知道，却认为已经达成绝对的善，这是很危险的事情。

这就是苏格拉底所讲的"自知无知"。无知是以绝对的知为前提的。不能因为悟透了人类的一无所知，就真的什么都不去了解。

Q 请问老师，质疑既有的概念和常识，也就是独立思考，与获得幸福，在您看来占有什么样的位置呢？

A 一旦开始拥有质疑精神，就会看到许多本来或许不用理会也无妨的现实，生活就会随之变得痛苦起来。也许会有人认为，什么都不想、对现实漠不关心、麻木地活着反而更幸福。

但是，正如翱翔于天空的鸟为了飞翔必须有风这种空气阻力一样（鸟在真空中无法飞向天空），痛苦也是我们生存下去的必要条件之一。当我们这样想的时候，我们就能够领悟到：活着虽然痛苦，但活着本身就有价值，并能够带给我们幸福。

Q 哲学是从对话开始的吧？

A "对话"在希腊语中叫作"迪阿逻各斯"，也就是"交换（迪阿）语言（逻各斯）"的意思。即使得不出结论，通过反对A想法或者扬弃不相容的B想法，最终得出既不是A也不是B的C想法，这就是对话。

即便得不出C想法，如果知道了与自己不同的想法，这种讨论的过程也已经与对话之前不一样了。

Q 您多次提到"生命"一词。请问老师，您现在认为的生命是一种什么形式呢？

 我在十三年前因为心肌梗死病倒了，那个时候才真正静下心来认真思考了自己的生命。

我在住院的时候，因为夜里睡不着所以请医生给我开安眠药。吃了之后马上就能睡着，这倒是很有效，可一想到会不会再也醒不过来就感觉很害怕。生病之前一直认为早晨起床醒来是一件很普通的事情，直到住院那个时候才意识到这绝非理所当然之事。于是，当我对自己的生命产生这样的意识时，我就开始觉得仅仅早晨醒来就是一件如此美好的事情，之后情绪便渐渐稳定下来了。

不久，我早上一醒来就会思考今天这一天都有什么工作需要处理。因此，一旦能够认真过好每一天，我就能够感觉到自己活着本身就充满了价值。在此基础上，如果可能的话，我还想对他人有所贡献。

并且，只要有机会我就会为在下班后或者休息日到我病房来的护士们提供咨询。虽然自己明明是一位患者，却成了心理顾问。

古希腊人认为"没有诞生在这个世界上是最幸福的事情"，深刻体验过生存痛苦的人或许会明白这种想法。此外，古希腊人也认为幸福的事情便是"出生之后尽快死去"。但是，我认为这是错误的想法。因为，即便如此悲观，我们还是要继续活下去，能够感受到痛苦也正是因为活着。虽然痛苦，但活着却难能可贵。

只要活着就会遇到讨厌的事情，就会有苦恼。尽管如此，我还是会感叹："啊，活着可真好呀！"这就是我认为的生命。

Q 哲学即使不在大学里也能学吗？

A 这个问题我在前边提过了，哲学即使不在大学里也能学。我认为会学习真的是一件非常重要的事情。现在我可以不必去参与激烈的竞争，这自然是好事。但是年轻人应该多进行与竞争或成绩无关的学习。不仅是哲学，大家还要积极地学习外语。我60岁的时候才开始学习韩语，同时也开始学习汉语。

在这之前，我只学过希腊语、拉丁语之类的西方语言。此后之所以学习韩语是因为在韩国演讲的机会逐渐增多，于是我便认为不能仅仅止于简单的问候，一定得会说得再多一些。比起努力学习会话，我选择了从韩国文学开始入手。大体学了一些语法之后，我就开始与韩国老师一起读韩国作家的书。但这并不是为了取得资格证的学习，而是每日读懂一篇短文，即不断积累愉悦学习的过程。

读哲学书也是如此。例如，我在大学二年级的时候，刚学习法语不久便开始读笛卡尔的日版《方法序说》①。术语虽然不多，但因为是用像拉

---

① 日版书名：方法序说（角川文库），笛卡尔著，小场濑卓三译，角川书店，1953年第4版。——译者注

35

丁语一样复杂的句法写成的书，所以读起来并不简单。向老师询问，得到的回答往往是"自己想想"。

不过，即使读懂这样的一篇小短文我也非常开心。不仅是学习外语，在学习的时候体会到的这种喜悦可以令即使是身处痛苦的人也能够感受到生活的希望。一边慢慢品味着之前从未思考过的事情，一边阅读，这种喜悦实在是非常难得的财富。

Q 在开始的时候，您提到学习哲学需要具体思考并充分发挥想象力，并且还强调仅仅依靠经验教条根本无法学好。人在遇到困难的时候，会根据之前的经验来决定如何应对，这种时候又应该如何灵活运用哲学呢？

A 为了摆脱痛苦，有时候我们会去读书或者咨询他人。这个时候因为自己没有想法，往往很容易认同别人的意见。

但是，正是这种时候，怀着质疑精神去审视自己之前认为正确的想法才显得越发重要。人们往往很难承认之前通过经验教条学到的东西是不正确的。

人生也是一样。中途停下已经着手做的事情，转而开始做不同的事情，这非常困难。不顾之前耗费的时间、精力和金钱，毅然踏上新的人生，这需要很大的勇气。当意识到自己目前的人生并不是自己真正想要的人生之时，我们就需要有踏上不同人生的勇气。为了能够做出这样的决断，又需要有能够客观审视自我的冷静，而我认为可以帮助我们实现这一点的正是哲学。

一开始我便提到了照顾病中母亲的事情。那时候，如果不懂哲学的话，或许我就只能在不幸的漩涡中痛苦挣扎。守在母亲的病床旁边看着她一点点衰弱下去实在是一件非常难过的事情。而我之所以能够领悟到在病床边度过的时光也是非常难得的，正是因为学习了哲学。那个时候我才明白了老师所说过的"越是这时候，哲学越有用"的含义。

所以，哲学拥有一种强大的力量，那就是它可以令那些感觉只有自己身处痛苦现实的人消除一味抱怨命运不公的念头。

后来，我的父亲患了阿尔茨海默病。虽然我自己也刚刚病愈，但我还是决定自己在家里照顾父亲。这也算是一种机缘，如果像现在这么忙，我可能根本没有机会亲自照顾父亲。能够和晚年的父亲一起度过每一天，这在某种意义上对我来说也是一件非常幸福的事情。

如果学习哲学，那就一定能够获得在忙忙碌碌中时不时驻足思考的勇气，以及果断放下自己为之投入大量精力之事的勇气。

第 **2** 讲

如何获得幸福

由"原因论"向"目的论"转变

在思考人的行为的时候，着重考虑背后推动力量的是"原因论"。提到背后推动力量，举例来讲的话，比如感情驱动自我，就是那种不由自主地"噌"的一下发火的感觉。

此外，也可能是过去的种种经历，即认为现在活得不如意或者处理人际关系不顺利都是因为过去经历的某些事情所致。

与此相对，本讲中所要考察的"目的论"则注重思考人朝着什么方向发展。当然，并非没有背后推动力量的存在，并且，其影响也的确极大地左右着我们当前的生存方式，同时过去所经历的事情也不可能对当前的人生完全没有影响。

人所经历的违背自己意志的事情，如事故、灾害等，都对自己当前的人生产生影响。尽管如此，人也并非由这些事情所决定。人可以树立朝什么方向发展的目标。

　　不过，当你想要做某些事情的时候，如果行动被束缚住的话，就无计可施了。但即便像这样行动受到制约，我们也可以不被其左右，而是树立目标或明确目的并积极前进，这种观点就是"目的论"。

　　在现代脑科学看来，并不是自己选择某种行为，而是行为在无意识中被选择，意识只是对其加以追认而已。做出选择的明明并非自己而是大脑，但人们在事后却会认为是自己做出的选择。

　　这只是关于人类行为的一家之见。假若没有自由意志，那就无法承担责任。正如粉笔一离开手就会落下，但我们却能够选择不同的行为或做法。例如，即使饿着肚子也可以下定决心把自己拥有的面包送给更加需要的人，因为我们能够判断出这种做法对自己来说更有利。

　　在第1讲中我们已经了解到这里的"有利"就是"善"的意思。而此处的"善"即为"幸福"，这正是我们今天要谈的话题。

苏格拉底悖论

有一个被称为"苏格拉底悖论"的命题讲的是"无人有意作恶"。为什么这个命题会被称为悖论呢？因为人们认为也有故意作恶的人存在。

通过浏览日本最近的报纸或一些网站你就会发现，有些日本政治家真是极尽作恶之能事。一方面，他们难道不是主动选择做坏事的吗？另一方面，为了收拾无能政治家造成的烂摊子，那些堂而皇之地撒着虚伪谎言的官员难道不是硬着头皮做坏事吗？他们难道不是明明知道自己做的事情不对，但还是不得不去犯错吗？

其实，就像我在第1讲中讲到的一样，恶即"没好处""没利"，而其反义词"善"则是"有好处""有利"的意思。明白了这一点之后再重新去解读这条"苏格拉底悖论"，那就能够解读出不一样的意思。"无人有意作恶"的意思就是"谁也不会去做对自己没利的事情"，反过来讲就是"人们只会去做对自己有利的事情"。这里讲的其实是理所当然之事。

因此，在日本，一些官员虽然知道自己做的事情不对，但正因为通过判断觉得这种"犯错"对自己来说是"善"（有好处）所以才会去撒谎。即使名声受损但最终能够获得晋升，若是如此，撒谎对其来说即为"善"（有利），作恶即为"善"（有利）。在这样的判断之下，人们便会去选择作恶。

柏拉图认为假如人们真的明白作恶无益，那谁也不会去作恶了。

在《柏拉图〈对话〉七篇》的"克立托封"这一对话篇中，苏格拉底认为"最重要的不是活着，而是活出美好"。如果按照当前的说法来讲，或许这里的"美好"更应该写作"善"。

也就是说，"美好地活着"即为"必须认真思考如何活着才对自己来说是善（有利）的生存方式"之意。

柏拉图把这里的"善"当作"有利"之意来使用，相反，"恶"则换作"没利"或者"受害"，并且又将

"恶"换成"遭遇不幸"一词。因此，谁都不愿受害，谁都希望不要遇到麻烦。从这个意义上来讲，谁都不希望遭遇不幸。反之，人人都希望获得幸福。"美好地活着"就成了"幸福地活着"之意。

"最重要的不是活着，而是幸福地活着"。谁都不希望遭遇不幸，因此，这看起来只是讲了一件原本就不言自明的事情，却又加以着重强调。之所以要加以强调，是因为仅仅活着并不代表活得幸福。人们必须认真思考怎样活着才对自己有利，才算得上幸福。虽然渴望幸福，但并不懂什么是幸福，这就是我们所处的状况。

因此，人们虽然想要获得幸福，但未必明白什么是幸福。没人希望遭遇不幸，柏拉图的言论就是基于这个前提而产生的。尽管如此，还是有不幸的人存在，这往往是因为选错了获取幸福的手段。

所以，虽然最重要的是"活得美好"，但我们首先必须弄清楚怎样做才能"活得美好"或者"活得幸福"。

幸福和幸福感并不相同

如此想来，柏拉图所认为的幸福并不是"幸福感"。喝得酩酊大醉或者用了兴奋剂、麻药的人也会充满幸福感。但是，一旦酒醒或者药效退去，那种幸福感就会消失。

除了酒或者药之外，还有一些其他非常动听的话语或口号，比如，东日本大地震之后"纽带"之类的词常常被使用。因为日本民众纷纷意识到家人和朋友对自己的意义有多重大，意识到每个人与其他人都是不可分离的，就像有纽带一样。所以，这类词都有一种振奋人心的力量。

有人说奥林匹克运动会的最大效用是弘扬国威，但这与奥林匹克运动会宪章相违背。因为奥林匹克运动会宪章明确禁止"政治的、宗教的或者人种的宣传活动"。国民团结一致共迎奥林匹克运动会，在这种时候，即使洋溢着一种兴奋感和幸福感，那也与幸福完全不同。

过于鼓励大家拥有一体感的社会风潮是非常危险的。我认为将幸福寄托在感性事物之上是一种错误的做法，过分诉诸感性其实是一种反理性主义。

幸福始终属于理智主义，它的起点是明白什么是幸福。

与此相对，三木清说过："过分诉诸感性的反理性主义思想其实是在抹杀幸福论。"三木清生活的时代受日本国粹主义风潮的影响，幸福往往被认为是一种感性的、极权主义的存在，在这种环境下，个人的幸福就被抹杀掉了。

仅靠柏拉图哲学
无法察觉到的幸福

《柏拉图〈对话〉七篇》涉及了幸福这个话题。不过，尽管我常年从事柏拉图研究，但对里面涉及的有关幸福的内容并不是很满意。因为关于幸福的实质它根本没有写。这个时候，我接触到了阿德勒和三木清的著作，惊喜地弄懂了幸福的具体含义。

我开始思考"何谓幸福"的契机在前面也已经说过了，就是在我25岁的时候，母亲因为脑梗死突然病倒，并在与病魔斗争三个月之后去世。

我在母亲的病床边陪伴了三个月，其间我一直在思考一个问题，那就是：即使失去了行动能力和意识，人是否也可以幸福地活着。

我认为即便是有钱也不一定会感到幸福。我想要过与钱无关的生活，可又想要获得荣誉，即获得大学教授之类的社会地位。但是，即便我愿望达成，当身体动弹不得也失去意识的时候，这些恐怕也终将毫无意义。这就是我在母亲病床边苦苦思索了三个月所得出的结论。

最终，母亲去世了。当我将母亲的遗体带回家的时候，感觉自己远远脱离了之前铺设好的人生轨迹。大概半年后，我又回到了大学，却和以前截然不同。虽然人也和以前一样坐在那里学习，但心里却在思考着或许还有其他更应该去学习的东西。这是我在25岁时的想法。

之后又过了很多年我还是无法释然，一直想不通。直到接触了阿德勒的理论和三木清的著作，我才逐渐能够具体地去思考幸福。

幸福即存在

首先，幸福并不意味着成功。三木清在著作《人生论笔记》中将幸福和成功相对立，幸福是终极目的，而成功只是实现幸福的手段而已。

其次，关于幸福和成功的区别，读一读三木清的著作你就会明白。三木清说"幸福即存在"，与此相对，"成功是过程"，将这两者相比较着进行思考就能够明白幸福与成功的含义了。

当今时代似乎人人都渴望成功。但是，是不是成功就能够获得幸福，这却是一个需要认真思考的问题。所谓"成功是过程"是指如果不经历上大学、就职等过程就不会获得成功。

进一步讲，达成某种目标之前的人生是假定的人生，是准备阶段。我认为似乎还有一个非假定的真实的人生在未来等待着。但是否真的如此呢？

与此相对，"幸福即存在"。这是告诉我们不是要"获得"幸福，而是要"置身"幸福。即使没有达成目标，"此时此刻"我们就已经"置身"幸福。

一方面，这里的"幸福"并不包含"进步"之意，因此也就不存在"更加"幸福之类的事情。过去、现在和未来，我们一直都处于幸福之中，这里的"幸福"没有进步或退步，也不存在不如之前幸福之类的情况。关于这一点，三木清用"幸福即存在"这样的话来进行说明。

另一方面，"真正置身"幸福，这本身就很有意义。即使在别人看来幸福，如果自己并未感到真正的幸福，那也将毫无意义。

幸福是独创的

即使在别人看来很幸福，假若自己实际上并不幸福的话，那也没有意义。关于这一点，三木清做了这样的说明："幸福都由个人独创。"

有的时候，某个人的幸福并不能被其他人所理解。因为，幸福并不像成功一样是"一般化的事情"。

例如，当父母希望孩子继承自己的事业时，如果孩子大力抗拒的话，父母和周围的人往往就会无法理解孩子的做法并对孩子感到失望。甚至当家长预想到孩子选择的不同道路无法成功的话，恐怕还会强迫其改变主意。

与此相对，成功是"一般化的事情"，换句话说没有人不希望成功。三木清说控制想要出人头地的人是件简单的事情。让想出人头地的人看到晋升希望，他就会对上司或组织唯命是从，乖乖地按照吩咐去做事。

以成功为目标的人无法潇洒地做一个"个体"，在求职时，人人都得身穿制服，应对面试。如果能够熟练使用电脑的话，那就会想要把自己作为"人才"推销出去。人才即为优秀者，原本并没有消极的意思，可在今天，我们却把自己像商品一样作为与其他人可以替换的事物，即人才来进行推销。

之所以会发展成这样，是因为企业将"应有的理想形象"强加给年轻人，追求一般化的人。

这样做真的好吗？或许明智的年轻人并不会随波逐流。我曾和一个年轻人聊天，他在四月底向公司提出了辞职。在世俗意义上的一流企业就职的他或许是很多人眼里的成功者。

当我问为什么辞职的时候，他马上做出了回答。一方面是因为面对巨大的业务压力，他却无法争取到订单。他是一位优秀的人，所以在之前的人生中从未遇到过挫折。因此，这是他第一次经受挫折。

另一方面，他决定辞职的真正原因是在前辈或上司身上丝毫看不到幸福。

决心辞职或许并不容易。如果在这个公司干下去的话，也许他在30岁就能拥有自己的房子，但40岁就

可能走进坟墓。展望今后的人生，他看到的竟是这样
的一种状况。希望大家成为明智的人，能够停下来认
真思考一下成功是否就是人生的幸福。

成功是量的，幸福是质的

三木清认为成功属于"量"的概念，而幸福属于
"质"的概念。

我之前出版的书《被讨厌的勇气》销量超百万册，
但对我来说，重要的不是"量"的成功，而是"质"
的幸福。不是卖掉了多少册，而是到了真正应该拥有
的人手里的那种实感对我来说是一种无法用"量"来
衡量的"质"的幸福。

如果关于"质"的这一点再补充一下的话，"美"
也属于"质"的范畴。那些认为美是可量化的人看到
美丽的女演员就想着自己也变成那样，于是便去调查
女演员们使用了什么样的化妆品或者如何节食瘦身。

她们认为如果做同样的事情，自己也能够变得像女演员一样，于是便想要去效仿。

可是，美丽并不是可量化的事情，有时候上了年纪的人反而愈发美丽。这些人的美丽并不是量化出来的，而是无人能够模仿的"质"的存在。

幸福不仅是一种独创，还是一种"质"的东西，因此，谁都不要试图去仿效别人。

个性与秩序问题

当今日本社会并不追求个性。特立独行者往往会受到打压，我认为这种做法是不合适的。

三木清生活的战前、战中时代，不允许考虑个人幸福的风潮盛行，但事实上，今天何尝不是如此呢！

本来人人都可以追求个人幸福，也可以更有个性地生活，但社会不倡导这样的生存方式，而是更注重秩序。为什么要向人们宣教秩序的重要性呢？那是因为担心大家成为凭自己的判断行事的人。

最需要秩序的时候是战争年代。在日本的战争年代，秩序往往成为一种强行要求。征兵通知书也被通俗地称为"红纸"，值一钱五厘①，人们就这样便被征去当兵。如果按照现在的货币价值来讲，大约也就100日元，人的命比炮弹还便宜。因此，一旦打了败仗，便愈发增加兵士派遣。在这样的军队世界，根本不需要个性，需要的只是随时可以用来替换的兵士。

当今时代，有很多人不希望孩子按照他们自己的判断行事。相反，我却希望孩子能够独立判断。

强行要求秩序的一方常常会采取批评的方式。教师批评学生，父母批评孩子，而这造成的最大的问题是久而久之挨批的孩子往往会失去个性，无法按照自己的创意行事。如果做得不好就受到成人或周围人的批评，孩子往往会成为仅知道遵命行事，而不会独立

---

① 五厘：五厘铜币，日本大正五年至八年（公元1916年至1919年）铸造发行的一种面额为"五厘"的铜币，每枚价值二百分之一日元，二分之一钱。——译者注

思考、灵活应对的人。

在日本，现在的官员也是如此。他们说着如此明显的谎言却不被问责。如果是服从上司的命令，那倒也讲得通。但是，他们在决定听从上司吩咐的那一刻，就产生了判断其为"善"的责任。

所以，即便不是政界，当自己做出的重大决断出现明显失误的时候再来讲"那时候其实我并没有打算这么做"之类的开脱之辞，坦率来讲是一种非常狡猾的行为。培养一大批敢于说"即使父母反对，我也要过自己的人生""我不必当一位成功者""我要过幸福的人生"之类话的年轻人，是包括父母在内的教育者的责任。

因此，我认为失去主见才是"批评"导致的最大问题。例如，史蒂夫·乔布斯在1984年就已经创作出了被世人认为是后来的iPhone原型的设计画。一般来说，如果将这种东西拿给上司看的话，上司或许会训斥部下说："这种东西没有一点儿实用价值！"如此便扼杀了年轻人的创意。

　　但是，年轻人更富有才智，他们感性十足，而年长者所能够做的就是不要成为年轻人的绊脚石。因此，年长者最好不要说"不实用"之类的话来扼杀年轻人崭新的创意。即使年轻人偶尔失败了，也只能由上司或成年人承担责任。培养能够有主见地行事和生活的人其实是年长者的责任所在。

　　在我出版的著作中，只有《被讨厌的勇气》这本书的书名带有一种特立独行的感觉，但这也并不是要教读者招人讨厌，而是"不要害怕被人讨厌"的意思。不管别人怎么想，我们应该说正确的话，做正确的事。上司也不该压制部下，而是要鼓励其朝着这个方向发展。

　　不要因为害怕说真话被降职而不去做正确的选择、不说应说的话、不做应做的事。

　　阿德勒在《性格心理学》中提到过，"寻求认可的努力一旦转为优势，精神上就会更加紧张"，如此一来，"行动自由就会明显受限"。实际上，我们一旦开始察言观色、在意评价或名誉，就难以说应该说的话了。

幸福是个性化的存在

最后还要说一点，用三木清在《人生论笔记》中的话说就是"幸福是个性化的存在"。

一般情况下，人们认为的幸福是"成功"。但其实，"幸福非常个性化。能够像人脱掉外套一样，随时可以轻松丢开外部幸福的人是最大的幸福者。"

一些人之所以脱不掉"幸福外套"是因为他们在意别人的看法，认为必须过他人所期待的"成功"人生。这样的人无法将现在穿着的"幸福外套"轻易脱掉。因此，三木清说能够将"幸福外套"脱掉的人很幸福。

同样，三木清认为"不过，人们既不会丢弃，也无法丢弃真正的幸福"。

真正的幸福无法丢掉。我因心肌梗死病倒的时候，工作和身体的自由都被强行夺去了。虽然金钱、社会地位、名誉之类的东西都可以像外套一样脱去，但真正的幸福无法脱去，甚至实在无法舍弃。因为"幸福就如同我的生命一样与我自己融为了一体"。因此，不论发生了什么，人们都无法舍弃真正的幸福。

三木清又说，"他要靠着这种幸福与一切困难做斗争。唯有以幸福为武器进行斗争的人才会即使倒下了也依然幸福。"

幸福是武器。这样的东西我们究竟有没有呢？即使失去了一切，真正的幸福也如同生命一样无法丢弃。我们必须认真思考这样的幸福究竟是什么。

三木清引用歌德《东西诗集》中的话说："只要不失去自我，什么样的生活都不难过。只要还保有自我，无论失去什么都不可惜。"

大多数人从小时候开始便活在大人们强加的理想之中。因此，他们无法做真实的自己，而是被大人们要求"要好好做某件事"，于是便为了满足这种期待而活着。如果成绩好的话，就会祸福难料地进入升学预备校①，不久也能够顺利升入大学。那么，这些人是否

---

① 升学预备校：在日本，是对学生进行非常周密的升学辅导，帮助学生解决面临专业方向的决定、专业知识的补充与学习、研究计划书的撰写等关键问题的机构。——译者注

真的能够活出自我呢?

在更早阶段受到挫折的人情况或许会变得更糟糕,他们会出现这些问题,比如做出问题行为、患精神疾病、辍学在家等。

可是,我们也可以不突出,做真实的自己。进一步说就是,即使得不到他人的认可,只要自己能够认可自己的价值就可以。

一旦受到他人的表扬就会觉得自己有价值,这是人们从小便有的被认可需求。假如自己所做的事情未被别人称赞,就无法认为其有价值,似乎有太多人持有这样的观点。

一位名叫卡普斯的年轻诗人将自己的诗送到了里尔克那里,他满心期待着自己的诗能被介绍给杂志社。但是,里尔克在回信中无情地说"这样的事情不要再做了",并让卡普斯在夜里扪心自问"我不写诗不行吗",接着告诉他"如果得到的答案是'不行',那就继续写诗吧"。

自古以来就有很多艺术家在生前完全得不到认

可，比如画家凡·高和高更便是如此。但是，这些人并不会因为得不到别人的认可而放弃画画。同样，即使得不到他人的称赞，我们也要学会自我认可自己所做的事情或者自身的价值，这就是"自立"的意思。

今天谈了关于幸福的话题，我认为没有成功也无所谓。我们也不必羡慕别人，只要活出不是"量"的或者一般化的属于自己的"质"的人生就可以。

答疑

Q 苏格拉底在被判处死刑之前的审判中说了什么话呢?

 在柏拉图的《苏格拉底的申辩》中,苏格拉底对雅典的人们说了下面这些话。

"你们只知道尽可能多地获取金钱和名利,完全不在意智慧或真实,也丝毫不考虑让灵魂更加纯洁高尚。难道你们就不知道担心,不感觉羞耻吗?"

"不在意智慧或真实"是指对于原本必须弄懂的"何谓幸福"问题全然不去思考和探求。另外,"让灵魂更加纯洁高尚"是说为了获得幸福,人必须使灵魂更加纯洁高尚。

但并不是说让身体更好。其实柏拉图并不怎么重视身体,他认为身体往往会成为思索的障碍导致一学习就犯困。虽然喝醉后心情很好,却无法让人思考。柏拉图说身体就是这样妨碍着智力活动。

柏拉图认为人死亡就是灵魂与身体的分离，即灵魂离开身体。思索的时候不要被身体所牵绊，活着的时候也必须尽可能地净化灵魂。这在哲学中又被称为"死的练习"。

这并不是说让人自杀，而是模仿死亡。假如灵魂离开身体就是死亡的话，思索的时候就必须尽可能地不受身体因素的影响，全神贯注地进行思索。因此，柏拉图认为拥有这种生存智慧的哲人面对死亡感到恐惧才是不正常的。

换句话说，即使身体消亡了灵魂也不会死，我们必须好好守护灵魂，所以在《苏格拉底的申辩》其他对话篇中还使用了"照顾灵魂"这样的说法。在现实生活中，人人都会照顾身体，一旦生病就会马上去医院请医生看病开药，有时候还会接受手术治疗。但是，很少有人会去精心照顾灵魂。

我在前面提到哲人就是"热爱智慧之人"的意思。热爱智慧的人才更要爱护灵魂，才必须照顾好灵魂。这在希腊语中用拉丁字母表示（稍微改变一下语序）就是"tes psyches therapeia"。

可能有人已经注意到了，这就是英语中的"psychotherapy"，即心理疗法、精神疗法。"精神疗法"一词在希腊语中原本是"照顾灵魂""使灵魂更好"的意思。

苏格拉底责问人们对真正应该爱护的灵魂或者真实和智慧却丝毫不去在意，难道不觉得可耻吗？这里的"难道不觉得可耻吗"也正是我想大声对当今的日本政治家和官员们说的话。

Q 能请您讲一讲怎样学习心理学吗？自然科学是通过实验来求证事物正确性的，因此人们能够清晰地知道哪个学说正确。而心理学中却有阿德勒理论或者荣格理论等各种各样的学说，那到底哪个才是正确的呢。例如，是仅仅阐明"这个人是这么想的"吗？或者是否可以说"照逻辑来讲这个正确"……

 对于各种各样的学说，没有正确或者错误之分。只能说如果按照阿德勒思想生活的话，人生会发生重大变化。

这用更加宽泛的语言来表达就是"evidence"（证明）。实际上，如果不去批评或表扬孩子或部下，而是关注其贡献并试着用"谢谢"之类的话从旁加以引导，家庭或职场的人际关系就会发生变化。有这种实际感受的人就不会再去拘泥于阿德勒思想是正确还是错误了。这一点与自然科学不一样。

尽管如此，一方面阿德勒在倡导自己学说的时候，还是把个人心理学称为"科学"。但是，另一方面他也称其为"形而上学"，总而言之是"哲学"。

假如分析或者追认现状是科学的话，那阿德勒所说的科学则更接近哲学，是"应该论"，即不拘泥于说明现实，而是去关注应该有的理想。因此，有时这也被人说成是根本无法付诸实践的理想论。

但是，哲学如果不是"应该论"的话，那就没有意义。例如，人会忍不住地突然发火。假如仅仅认为这是没有办法的事情，并解释说之所以会突然发火是源于小时候的亲子关系，无论如何分析，人生也不会发生变化。因此，即使再怎么被认为难以付诸实践，阿德勒还是提议做一些能做的事来代替发火。照着这个提议去做的话，人际关系势必会发生变化。对于那些感受到了实际效果的人来说，这种主张正确或者不正确都无关紧要。但是，阿德勒也并非仅仅提出一些教条式的育儿技巧，而是有坚实的理论依据。

阿德勒的女儿亚历山德拉·阿德勒是位精神科医生，她说："如果阿德勒知道今天的药物疗法的话，或许也会对此表示关心。"但是，关于精神病，阿德勒并不认为消除症状即可，而是去思考症状背后的根本原因。由于症状是因为某种原因而被制造出来的，所以，如果不改变其根本原因而仅仅是消除症状的话，用阿德勒的话说就是"会毫不犹豫地制造出其他症状"。阿德勒心理学就是这样一种考虑根本原因的科学、哲学。

今天在既知道阿德勒心理学也知道其他心理学的人中，有人将理论和技巧进行折中处理，但原因论和目的论是无法相容的两种思想。由于二者立论点不同，所以不可以这么做。

Q 您在前面提到不是"获得幸福"而是"置身幸福"，然后又说为了"置身幸福"，就要"做真实的自己"。此时此刻我能够听到老师您的话就感觉非常开心，那么我可不可以认为这就是走向幸福生活的第一步呢？

A 可以啊。有些时候或许我们明明很幸福，却只是没有注意到而已。因此，按照通常的讲法，也可以说注意到"置身幸福"就已经"获得"了幸福。如您所言，我们在这里能够如此开心畅谈是独自一个人无法做到的事情，因为此时此刻我们正在与各种各样的人产生联系。

但是，像这样注意到自己生活在与他人联系中的时候就已经很满足、很幸福了，并不需要再达成更高的目标。三木清用"保持自我"的说法来表达这一点。即便不成功，感受到自己存在着、生活着，并处在与他人的联系之中就很幸福。

幸福并不需要条件。虽然人们常常说因为完成了某件事情而感到幸福，但其实那只是成功，而不是幸福。

所以，并不是实现了什么才幸福，而是不期待实现什么才幸福。反过来讲，现实中也没有不幸的条件。人生中谁都可能遇上一两次重大变故。例如，也许会经历失去父母或者孩子的伤痛。这种时候，我们或许会认为自己已经掉入了不幸的深渊。在经历这种变故的时候，我们不可能毫无所感，往往会受到沉重打击。打击之后，重新振作起来也需要很长时间。所以，在突然经历自己所不期望的事情或者被迫体验违反自己意志的事情时，人不可能不难过、不痛心。阿德勒虽然否定精神创伤，但在这个意义上来讲，心灵是不可能不受伤的。

要想领悟到"这些并非不幸的条件"这一点，你可能需要花费相当长的时间。因此，有过这种不幸经历的人在十年、二十年后仍然无法释怀，但或许有一天会觉得自己所经历的痛苦也有一定的意义。

如果有机会的话，我们可以跟痛失亲人者好好聊一聊。如果他们还会梦见亡故者，就代表跟亡故者的关系还没有终结，还有很多记忆留存着。因此，即使做梦也会梦见亡故者。以我的经历来讲，母亲去世大约过了十年之后，我才渐渐不再做有关母亲的梦。

死虽然令人悲伤，但我们不能一直沉浸在悲伤之中。虽然也没有必要勉强压抑悲伤，但终有一天你会察觉到自己不再像以前那样整日沉浸在对逝者的思念之中了。即使有这么一天，也并不代表你薄情。我认为这是人的正常状态。

在本讲开始我也说过了，我们必须摆脱"原因论"的思维方式。关键是不要想着因为有这样的事情自己才幸福或者因为有那样的事情自己才不幸。

幸福不是幸运，并不是因为有幸运的事情发生才变得幸福。相反，也并非遇到不幸的事情时就会变得不幸福。如此，幸福并不是由什么事情来决定；或者说，不幸也并非是由什么事情来决定。

成功和失败也丝毫不会动摇幸福。一旦能够形成这样的认识，人生就会大不相同。

我们当然需要认真生活，对其他事情也必须全力以赴。如果是工作的话，我们必须认真投入。人活着绝对需要认真，但不必过于沉重。

的确，在遭遇不幸的时候，人往往会变得沉重。虽然从这种沉重感中走出来需要时间，但即使沉浸其中也解决不了任何问题。

Q 您在本讲中提到了"幸福是一种存在"，后半部分也讲到一个人的幸福就是他的生命。"存在等同于生命"这一点我能够理解，但又听您讲到人的被认可需求，这似乎并不是普通的生命吧？

A 我所思考的并不是身体一旦消亡就会中止的生命。如果说人的价值在于存在，活着才有价值，那么按照一般意义来讲，人一死其价值是不是就不存在了呢？答案是否定的。人并不会因为死亡而不存在，生命也不会消失。

死去的人仅仅是身体消亡，生命会一直存续下

去。例如，当我用扩音器讲话的时候，扩音器
的开关一旦关上，我的声音就无法传到后面的人
那里。

这个扩音器就像是我们的身体，它时常会出现接
触不良的状况。一旦出现故障开关就会关上，这
时候，声音就传不出去，这就好比是生病状态。
但是，一旦修好就又可以使用了。

如果扩音器的电源永远处于关闭状态，那就等于
死亡。但即使扩音器的电源关闭了，也不代表扩
音器不会再发出声音了。因为只是扩音器的电源
被切断了，所以其声音无法传出来。

我认为人不会随着身体的消亡而消失，并且想用
"生命"这样的词来告诉大家，人死后依然能够
对他人有所贡献。

Q 那是否可以理解为生命一直存在着？

A 是的。生命一直存在。因此，虽然亡故者一直在

说着话，但我们听不到也看不到，并且也触摸不到。尽管我们在知觉上无法了解，可我们还是会想起亡故者。可以说这种时候大脑的某个角落会涌现出古旧的深棕色的记忆，这不是苏醒，而是在思念亡故者的时候，那个人就在这里。

从这个意义上来讲，就和在遥远的地方生活的家人一样。当我想起家人的时候（我儿子回来的次数很少，所以长时间不见面就会非常想念）或者是突然想起的时候，家人的事情就会历历在目。大家是否也有这种经历。我们也可以把同样的道理套在亡故者身上进行思考。

住在远方的家人、朋友并非再也见不到。但是，我们与亡故者却再也不能见面。这种差别相当大，以这样的方式去看待亡故者的消失，对亡故者的想念就会发生变化。

我们以不被更新的博客为例来进行说明。例如，在阅读某位已故作家的书时，大家有没有觉得那个作者似乎还活着呢？虽然博客从未被更新，但每次阅读博客上的记事都能清晰地想起那个人。
我的主治医生说："写书吧！因为书会留存下
去。"这听起来似乎有些不可思议，但希望书能
够留存下去的愿望或许就能满足我的"不死"。
我认为生命并不会随着死亡而消失，也许我们必
须将其与"永恒"一词联系起来进行思考。

第 **3** 讲

人际关系是
烦恼之源

人无法独自生存

在第2讲中我们谈了什么是幸福，本讲我们来谈一谈人际关系这个话题。我在常年学习柏拉图哲学过程中感到有些美中不足的就是，柏拉图并未对人际关系这个话题给出答案。即使读过他的对话篇，我也没太弄明白其教导和主张如何在现实人际关系中加以灵活运用。

阿德勒心理学主张目的论，所以我认为它在此意义上是属于希腊哲学流派中的心理学，但又存在着极大的差异，那就是阿德勒注重考察"人际关系"。

即使就幸福而言，比起内部性的东西，也更应该将其放在人际关系中进行考察。教会我这个道理的不是柏拉图，而是阿德勒。

那么，接下来我们就正式开始本讲的话题吧。

人无法独自生存。"人间"意为"人之间"，意思就是有一个以上的人存在才能够成为人间。

这其中有好几层意思。首先，人作为生物是非常脆弱的存在，因此无法独自生存。阿德勒以水牛之类由于单个个体比较脆弱或者容易受到敌人攻击而常常结群生活的动物为例来进行说明。人也是一样。刚出生的孩子如果离开父母的照顾，片刻也不能生存。

其次，无法独自生存的意思是，不仅仅是孩子需要父母的照顾，大人也需要他人的援助。"任何人"都无法独自生存，都需要他人的援助。反之，被援助的人也会伸出援手去帮助他人。这就是人间。

但是，也有不希望寻求援助的人，或许他们是不愿将自己脆弱的一面展示给他人。可是，我们必须构筑当感到真正痛苦时可以尽情倾诉的关系。

例如，当我们听到了某人去世的消息时，即使素未谋面，心中也会涌起一种若有所失的感觉。

倘若是家人就更是如此。当听到自己的亲人从这个世界上消失的时候，想必很多人都会感觉是自己的一部分也随之消失了。从这个意义上来讲，我们也可以认为人无法独自生存，人与人是互相联系着的。

他者的存在

人究竟是什么时候才注意到这个世界上不仅仅只有自己还有他者存在的呢？我想要学习哲学的契机有很多，其中之一就是小学时候经历的亲人亡故。

大约在那个时候，我还不明白比我小一岁的妹妹对我来说是他者。当我从自己的角度看到风景的时候，我妹妹是不是也会看到同样的风景并产生同样的感受呢？一开始思考这个问题，我就觉得头晕。

我孙女刚刚两岁，但好像已经认识到他者的存在了。最近开始问我一些"好吃吗""不要紧吧"之类的问题。据此可以看出这个时候在她的世界里我是作为他者存在的。

人和"物"不同。当感觉被人盯着看而猛然抬眼望去，却发现不是人而是时装模特儿或者稻草人的时候就会安心地松一口气。但是，倘若发现是人的话，就会感到不好意思。四目相对也是因为对方先盯着自己看，所以本没有必要感觉不好意思。但为什么还会感觉不好意思呢？自己在看到其他人的时候会产生关于那个人的各种各样的感受。同样，看自己的人也会对自己产生某些想法。在这个意义上，我们便注意到自己是"他者的他者"，所以才会感觉不好意思。

父母又是怎样一种情况呢？父母并不会把刚刚出生的孩子看作是"物"。大人们往往认为孩子一出生便在感受着各种各样的事情，一开始便把孩子看成一个完全意义上的人，而不是可能意义上的人。即使孩子睁着眼睛或许也看不见，但是，父母在面对孩子的时候依然会认为孩子和自己一样在感受着外部世界。

我的母亲因为脑梗死病倒，大约在最后两个月的时间里完全失去了意识。我有没有把这种状态下的母亲看成"物"呢？当然没有！无论我的母亲有没有意识，她都会作为人被看待，而绝不会是"物"。

对他者的消极关心

像这样并不是只有我们自己生存在这个世界上，他人也和自己一样存在于这个世界。因此，我们就不能不对他人抱有一定的关心。

阿德勒使用了"共同体感觉"这个词。当初由德语直接译为英语的时候被译成了"social feeling"。

但是，阿德勒后来采用了"social interest"，而不是"social feeling"。"关心"在拉丁语中是"inter esse"。"inter"就是"……之间"，"esse"就是"在""位于"，用英语说就是"be"。"esse"的第三人称单数形式就是"est"，将两者结合起来就是英语的"interest"，意思就是"在我和你之间"或者"我和你之间发生的事情，在某种意义上来说与自己有关系"。能够意识到自己和他人之间有关联性或者对方做的事情跟自己不无关系，这就是"抱有关心"。

不怎么关心政治的人对当今世界上正在发生的新闻即使耳闻目睹也无动于衷。相反，认为世上发生的事情跟自己有关的人，就会使用"interest"这个词。

这种对他人或世界的关心又分积极和消极两种方式。首先，我们来谈一谈那些抱有消极关心的人。

这些抱有消极关心的人往往把他者看作是自己成长路上的障碍。倘若就像什么事都如自己所愿的孩提时代一样，自己的欲求不会被任何人阻止就好了，但现实并非如此。很多时候，你想做点什么事情，肯定会有人站出来反对。于是你就会认为得不到他人的认可。想要获得认可的努力一旦占据优势，行动自由就会明显受限，阿德勒称其为"精神生活的紧张加剧"。这种情况下，真正应该说的事情就无法说出来了。例如，即使在社交网络媒体平台上面希望获得称赞，也不愿写真正想写的东西，仅仅是为了投稿而已。

面对为了掩饰上司的不当行为而若无其事撒谎的人，苏格拉底或许会说"难道不觉得羞耻吗"，而三木清则说"控制部下的捷径就是向他们灌输出人头地的思想"。最终或许会晋升，但我认为这样做失去的也很多。

我们本就不该对上司察言观色，一心寻求认可，也不该总想着"这么说会不会失去工作"，而是必须做到能说真正该说的话、做真正该做的事。

对他者的积极关心

也有人会对他者抱有一种积极的关心，而不像刚刚所说的消极关心。阿德勒就把他者看作是"同伴"。"同伴"在其源语言德语中是"Mitmenschen"。"mit"指"一起"，"Menschen"是"人人"的意思，也就是说人和人紧密相连。与"Mitmenschen"相对，还有"Gegenmenschen"这个词。这个词是人和人相对立、相敌对（gegen）的意思，我将其译为"敌人"。

把他者看作敌人还是同伴，选择不同，人生也会大不相同。能够无条件地信任他者就好了，可一旦发生纠纷，人往往会觉得周围之人不可信任。

因此，我想关注的是阿德勒主张的人不分同伴和敌人，所有人都是同伴这一点。这是相当具有革新性的想法。

阿德勒使用了从"Mitmenschen"一词派生出来的"Mitmenschlichkeit"这个德语词汇，这是说"人和人是同伴"的意思。"共同体感觉"称为"Gemeinschaftsgefühl"，"Mitmenschlichkeit"是用来表示"共同体感觉"的另一个德语词汇。

所有人不是敌人而是同伴，这一想法是阿德勒在第一次世界大战中想出来的。阿德勒是精神科医生，所以作为军医参战，负责给患有战争精神病的战士们进行治疗。

炮弹满天飞，下一个瞬间自己或许就会死掉，甚至自己不去杀人就有可能会被别人杀死。突然被丢到这样的环境中，人不可能不得心病。

阿德勒是一名优秀的医生，因此，战士们的战争精神病都得以治愈。但是，痊愈后的他们又怎么样了呢？战士们再次被驱赶到战场上去。得知自己可以重返前线的战士心里一定明白，接下来要么是自己被杀死，要么是杀死敌国的士兵。阿德勒一想到这一点就感觉无比痛苦，连续数日难以入眠。

就在这种激烈的战争中，阿德勒产生了人与人不是敌人而是同伴的"共同体感觉"这一思想。这实在是令人震惊。同样经历了第一次世界大战的弗洛伊德称人具有攻击本能。但是，假如说人因为具有攻击本能才互相残杀的话，那现状根本无法改变。

阿德勒因休假返回维也纳的时候，第一次在咖啡店跟朋友们提到"共同体感觉"这一思想。

体会到他者贡献之时

接下来我们思考一下"他者贡献"。首先，如果不能将他者视为同伴，那就无法对他者进行贡献。

阿德勒说"人只有在可以感觉到自己有价值的时候才能够获得勇气"。所谓"可以感觉到自己有价值"

就是能够认为真实的自己也很好。

一方面，"勇气"就是指融入人际关系之中的勇气。融入人际关系为什么需要勇气呢？因为一旦与人相关，就不可能不发生矛盾和摩擦。阿德勒甚至断言"一切烦恼都是有关人际关系的烦恼"，也可以说人际关系是不幸和烦恼的源泉。

另一方面，只有在人际关系中才能够体会到幸福和生存喜悦，这也是事实。人们为什么能够下定决心与交往了很久的他结婚呢？应该是认为和这个人在一起能够获得幸福才决心结婚的。因此，为了获得幸福，人们就必须踏入人际关系之中。可是，如果认为自己没有价值，那就无法获得踏入人际关系之中的勇气。

但是，仔细想想的话，这的确有些矛盾。即使有喜欢的人，也无法进行告白。即便下定决心进行了告白，却得到了"我从来没有把你当作男人来看待"之类的回答，备受伤害。与其受到伤害，还不如不告白。持有这种想法的人往往还会把不告白的理由归结为自己没有价值。

那么，如果要问什么时候才会感觉自己有价值并获得踏入人际关系之中的勇气，那就是能够体会到自己在以某种形式对他人有所贡献之时。如果不能将他者视作同伴的话，那就无法想要对他人有所贡献。

不过，这也是比较困难的事情，恐怕有时候我们很难将他者视为同伴。2019年7月发生的日本京都动画纵火案件的犯罪嫌疑人虽然徘徊在生死边缘，但还是保住了一条命。该事件造成了三十多人死亡，因此，按照日本的刑法，他或许会被判处死刑。可是，对医生们来说，患者无论是谁都具有同样的价值，因此，即便是杀人犯也依然得救其性命。这个时候的杀人犯说："从来没有人待我这么好！"

他在此前的人生中"一直努力获取他者的认可"，希望自己的作品获奖，能够被录用为动画片原作，于是他便参加了日本京都动画举办的比赛，但未获录用。虽然未被录用，可他还有机会再次挑战，但他却把不认可自己才能的他者视为"敌人"。

得到救治之后的他之所以说"从来没有人待我这么好",是因为他对他者的看法发生了明显变化。倘若果真如此,他今后的人生也一定会发生变化。大家或许会想"他今后的人生不就是死刑吗",但杀了人就获死刑也并非理所当然之事。

不仅阿德勒反对死刑和战争,我也反对。因为一旦判处罪犯死刑,那他就无法重新做人了,我认为应该让他用一生去赎罪。如果要判刑的话,用柏拉图的说法就是必须判处教育刑。死刑会剥夺罪犯重新做人的机会,也解决不了任何问题。

能将他者视为同伴吗

我们再回到刚才的话题。虽然把他者视为同伴非常困难,但如果能够做到这一点,人生将会随之发生变化。

把杀人犯也视作我们的同伴——我知道这十分困

难。例如，反对死刑的人是否即使家人被杀也依然能够坚持反对死刑。

2001年发生在美国的"9·11"事件中，很多人丧生。但是，并非所有死者亲属都赞成之后的战争。自己深爱的亲人的确在这个事件中被杀害了，但还是有很多人不希望以此为借口发动战争。因此，虽然有很多人以悼念遗属为说辞主张发动战争，但也并不是所有人都如此。

作为"共同体感觉"的一个定义，阿德勒在其著作《个人心理学讲义》中这样说："用他人的眼睛去看，用他人的耳朵去听，用他人的心去感受。"然而不用自己的眼睛，而是用他人的眼睛去看，这样的事情实际上无法做到。我们只能用自己的眼睛去看。

那么，所谓"用他人的眼睛去看"究竟是怎么一回事呢？如果认为是"假如是自己的话"，那就理解错了。用对方的眼睛去看是指站在对方的视角去思考"如果自己处在对方的立场上会怎么想、怎么做"。阿德勒用"共感"或"一视同仁"等词来表示这一点。

如果不去想"一旦将自己置身于那个杀了三十多人的犯人立场上，或许自己也会做出同样的事情"，就无法找到解决这种问题的线索。假如你写了小说去应征投稿却落选的话，或许也会非常失望。如果你感觉自己写得很好的话，那就更是如此。这种时候你就会去怨恨不认可自己的人。虽然不至于加害他人，但或许也会发生那样的事情。阿德勒用"共同体感觉"这个词来表示能够像上面这么想的共感能力。

当然，并不是说要原谅日本京都动画纵火事件的罪犯。不过，在思考这个事件的时候，如果我们不从犯人的视角去考虑事情，就无法真正防止同样事件的发生。

佛教中有"分别"这个词，我认为不可以去"分别"自己和他者。当原本寄予厚望的孩子辞掉工作闷居在家并虐待自己的时候，我曾听到某个父母感叹说"我根本无法想象这是我的孩子"。

但是，无论是未达到父母的期望还是生病，不管孩子处于什么状态，父母都只能接受，想着"这好歹是我的孩子"。超越善恶如实接纳对方的心非常重要。佛教中用"大悲"这个词来表示，同时佛教中将超越善恶如实接纳对方的心及其发挥作用的地方称为"净土"。

因此，"净土"并不是指死后的世界，而是指即便有难以接受的人存在也能够努力去接纳。我认为这与阿德勒"人皆为同伴"的思想是相通的。

真实的自己就能够做出贡献

我们继续谈一谈"贡献"这个话题。通过想要对他者有所贡献或者体会到正在对他者做出贡献，我们能够意识到自己的价值。另外，前面还讲到为了对他者做出贡献，首先必须能够将他者视为同伴。这里"贡献"的意思也是一个应该讨论的问题。

当然，能够从行为上对他者有所贡献的人也突出了其价值。但是，或许有的人无法从具体行为上对他者做出贡献。我病倒的时候身体状况不是很好，不过，之后又恢复了健康，出院后写了很多书。从写书这一行为角度来说算是有所贡献了，但即使我病愈后什么也做不了，我的价值也不会因此消失。谁都可以通过存在、活着而做出贡献。

希望大家明白人仅仅通过活着就可以对他者有所贡献。当今社会是一个用生产能力来衡量价值的时代，所以常常因为人能够做什么而认可其价值。

现代社会很多人信奉"费用效果分析法"，认为凡事必须达到与费用相符的效果。以前我曾在日本奈良女子大学教希腊语，但后来学校以学生少为理由突然停了这门课，学校根本不顾这门课我已经教了十三年之久。希腊语这门课原本就不会有很多人来上，选这门课的学生确实非常少，多的学年有五人，少的学年两人，也有一个人的时候。

学问本就不是立竿见影的事情，但是，学问确实有用。不过，它并不是实用意义上的有用。

一些人往往认为没有实际效用的、不赚钱的学问不必在大学里教也可以。在这样的时代下，能够保持"存在或者活着本身就有价值而不必非得是行为"这样的想法确实需要相当大的勇气。

但是，假如我们自己也意识不到这一点的话，我们看待他者的眼光就会变得非常苛刻。孩子们如果不去学校上学，父母就会陷入恐慌。但我还是希望父母能够抱着"好歹在家待着"这样的想法平心静气地去看待。

有的人并不想接受延命治疗。在日本，虽然不被法律允许，但也有人表示想要接受安乐死。这些人为什么会这么想呢？因为他们不想给家人添麻烦。但是，假如懂得人活着本身就有价值的话，就没有理由不认为自己活着对家人来说就是一种喜悦，仅仅如此就是在做贡献。

人格论

最后，我们再来谈一谈另一个话题。我曾在日本的大学里教过生命伦理学这门学科。大家知道"人格论"吗？"Person"就是"人格"。人应该具备什么条件才能够称为人格意义上的人呢？之所以必须讨论一下这个话题是因为存在器官移植、脑死亡、人工流产等问题。处于脑死亡状态的人是"人"吗？胎儿从什么时候开始可以断定其为"人"呢？我们必须对这些问题做出一个明确判断。总而言之，"人"得具备什么条件才能算得上是"人"。

就此存在各种各样的看法。其中有一种看法认为作为人必须具备想要什么、想做什么之类的欲求意识和作为欲求意识主体的自我意识。能够意识到自己是自己，这就是"人"能够被称为人的条件。

但是，假如这么想的话，胎儿因为不具备自我意识，就会不被认为是人格意义上的人。还有，重度精神障碍患者和重度阿尔茨海默病患者也会不被视为具有人格意义上的人，这显然是错误的。

另外，也有从社会意义上来认可人格的看法。要想在这个意义上被认可为具有人格的人，就必须能够起到最低限度的相互作用。我的小孙子虽然说话不是很清楚，但可以进行相互沟通，这就是能够起到最低限度的相互作用了。如此一来，精神障碍患者或阿尔茨海默病患者就会被认为是具有人格意义上的人，但脑死亡患者还是不能被认为是具有人格意义上的人。

按照我的理解，以简单的二分法将"人"和"物"分开来进行思考是一种错误。例如，胎儿难道不是"人"吗？即使在胎儿被称为生物性的"人"以前，母亲一旦感觉到胎动也会认为肚子里已经有个小生命存在，或许也还会有更早便已经知道的人。

因此，这跟胎儿是不是生物性的"人"没有关系。即使还不是生物性的"人"，在母亲认为自己腹内有孩子存在的时候，那个孩子便已经是人了。又或者，脑死亡患者对于家人来说也肯定是活着的人，即便不是医学或生物学意义上的"人"，脑死亡患者也不是"物"。

我们可以认为判定具有人格意义上的人的条件根

本"没有"。即使连最低限度的相互作用也没有，人无论在什么状态下都可以是有人格的人。像这样，无论是处于脑死亡状态的人还是胎儿，使一个人称得上是人的便是人与人之间的联系。这个人无论被置于什么条件之下，他都与周围紧密相连，正是这样一种想法使得这个人活着。

在与他者的关系中，我们使对方活着。对方即使被看作是生物学或医学意义上已经死亡的人，在我们将这个人视作人格意义上的人时，就能够感觉到我与这个人之间依然有着紧密联系，那这个人就会一直作为人存在着。

这一点在第2讲的最后已经稍微谈了一下。逝者在知觉上已经不能感知了，看不到摸不到也听不到。但是，我们可以认为他们依然在遥远的地方生活着，也可以认为就和其他家人一样，逝者现在也和自己有着某种联系，而这正是使那个人依然活着的条件。

因此，我们在谈论逝者的时候绝不可以将其忘记，必须一直铭记在心。站在逝者的立场上来讲，他们或许会认为家人总是无法忘记自己，恐怕难以忍受那种痛苦的思念。所以，逝者或许也想要告诉生者可以将自己忘记。

不过，虽然我们想要逝者继续活下去的想法听起来有些奇怪，但为了能够认为逝者仍然活着并且实际上逝者依然活在这种与生者的联系之中，即便不是一直不断地想着，哪怕偶尔记起的话，即使眼睛看不见，自己和对方之间的关系也会一直存续下去。我认为在这个意义上人是"活着"的。

我们也同样得借助别人活着。将本讲重要的主题"人因为活着而有价值"与今天的人格论结合起来考虑的话，我认为可以总结为这样一句话："人就是人，不需要任何条件。"

即便没有创下什么丰功伟绩，我们这样活着就很有价值，这与人作为人格意义上的人并不需要任何条件是同样的道理。

无论是处于何种状态下的人，都将一直是人格意义上的人。即便是已故者也是一样。

答疑

Q 因为我的朋友说"最近一点儿干劲儿都没有，对生活没有一点儿希望了"，所以我对其说"根本不是这么回事儿！你仅仅好好活着就很好啊"，但对方却根本听不进去。然而，那个人在自己的小说获得他人赞美的一瞬间，心情马上就好起来了。这样的人是想要获得认可的心情极其强烈吗？

A 我认为非常强烈。阿德勒与我不同，他是一个非常优秀的人，所以他说想要获得他人认可的欲求"在某种程度上人人都有"。

无论你再怎么认可，对方也根本不听，但权威者一说，马上便改变主意。这样的做法虽然令人气愤，但对方就是这么一个认可欲求强烈的人。我在本讲中也谈到了这种人的问题，那就是时而将他人视为"同伴"，时而又视为"敌人"。

Q 我想我可能被他视为"敌人"了。

A 既然那个人这么想，目前也没有什么办法。可是，虽然一时得到了认可，但那种成功不会一直继续下去。在下一部作品不被认可的时候，如果你还打算与那个人继续做朋友的话，那就要下定决心无论发生什么事情都要做其同伴。即使他现在听不进去你的话，也还是会有回心转意的时候。

如果想要成为那个人的同伴，那就只能下定无论什么时候"我都是你的同伴"的决心。

Q 您刚才谈到了用他人之心去感受的"共感"或者"共同体感觉"，此外，您也谈过"课题分离"。您能讲一讲这两者的关系或者说可以使两者并存的方法吗？

A 他人怎么感觉或怎么想是对方的课题，基本上不是我的课题，这是"课题分离"。"课题分离"
之所以重要是因为对方的所感所想或许是基于我
无法理解的事情。

因此，在认可或许跟自己的理解和思维方式大相
径庭之事的基础之上，如果有必要的话，你也可
以努力去更好地理解对方。亲子之间尤其如此。
作为父母，孩子说的事情你不能表示全然不懂，
只能先回复"你是这样想的啊"。父母没有理由
不进一步去了解孩子的感受方式和思维方式。

大多数父母认为自己懂孩子。很多父母会说：
"对于孩子的事情，作为父母，我比谁都清楚。"
如果父母真懂得孩子的一切，孩子就不会出现问
题行为了。因为父母不懂他们，孩子才会做出问
题行为。

所以，"课题分离"就是首先要从不懂之处开始
的意思。在此基础上，通过与对方一起探索如何
才能互相理解并达成一致而逐渐去理解对方，这
就是"共感"。这种时候，即使自己难以理解对

方，也要站在对方的立场上进行配合。

认为自己不懂是比较安全的做法。因为假如自己觉得懂的话，就很难有进一步倾听和探索的耐心了。如此一来，别人一说什么你就会觉得烦。假如听到别人对自己说"我比谁都了解你"，你往往会说"那不可能"，也许自己都不了解自己。但是，你与别人的关系，也不要止步于互相阻隔的状态，所以就只能根据需要努力找到和解点。

Q 我不懂"能乐"①，但听说"能乐"会将"那个世界"和这个世界的联系在舞台上演出来，这时候我就想起了老师您之前谈到的"死亡"。老师您举了已故母亲的例子，您通过思念母亲而使其继续活着的说法，在我看来似乎是东方式的观念。

---

① 能乐：在日语里意为"有情节的艺能"，是极具有代表性的日本传统艺术形式之一。它囊括"能"与"狂言"两项，两者要在同一空间表演出来。——译者注

西方观念将生和死更加明确地区分开来，认为人一旦死亡便消失了。与此相对，日本存在着轮回转世等认为生和死紧密相连的思想。对此，我感到有些疑问，您能谈一谈吗？

 在希腊虽然不能一概而论，但即使在那里，灵魂并非不死的观点也是一种非常强大的思想。

苏格拉底在狱中就灵魂不死问题与周围的人展开了激烈辩论。苏格拉底极力论证灵魂不死，就在争论快要结束之时，他促使那些虽然还不能接受但已经不愿用"灵魂并非不死"来反驳他的人说出了自己的疑问。像这样，灵魂不死的观点在希腊或许也并不是具有普遍性的思想。

但是，从希腊瓶画上描绘的死者和看护死者的家人来看，判断死者的方法就是其中的死者是望向其他方向的，并未与守护着的家人面对面。根据这种画上所描绘的情景来看，与现在的话题正好相反，或许那时候的希腊人普遍认为死者与生者一样存在于这个世界。这种想法和观念也比较容易理解。

在母亲去世之后的好长一段时间里，我依然能够听到她的呼吸声。在照料母亲的时候，我工作日都待在医院，只有周末回自己家。一直待在一起的话，即便母亲的状态有所恶化，我也感觉是和她在一起与病魔作斗争，因此一点儿也不觉得害怕。但到了周一早上返回医院的时候，一想到自己不在的时候是不是发生了什么不好的事情，我便觉得满心恐惧。即使如此，在听到母亲强有力的呼吸声时我还是会安心地想："啊，母亲活着真是太好了！"

如果要给出一个更加合理的说明的话，也许是因为母亲的呼吸声一直回荡在我的耳边吧。即使在母亲去世之后，虽然只有我和妻子两个人在，但我却一直能够听到既不是我的也不是妻子的而是另外一个人的呼吸声。精神科医生或许会说这是幻听，但我在那个时候却真切地感受到了母亲的存在。从这个意义上来讲，或许死者和生者并不是处在不同的世界，而是生活在相当近的地方。或许"能乐"就是想要竭力描绘出这一点。如果能够这么想的话，情况就会大不相同。

一方面，我认为死者就生活在我们身边。但是，另一方面，葬礼在某种意义上又是将生者和死者分开的仪式。

在日本，举行葬礼的时候会将死者使用的碗摔碎，或者在棺材上钉上钉子，那是让死者不要再回来的意思。这么想的话会觉得非常残酷，但这样做还有另一方面的意思。人会死两次正是这个意思，或许死者在某个地方也希望家人将自己忘记。

日本作家重松清在其小说《在那天来临前》中讲了一位因癌症去世的人的故事。这个人交给护士一封信，她希望自己死后护士能够将这封信转交给自己的丈夫，丈夫在她死后从护士那里收到了这封信。里面写了这样的话："把我忘了也可以哦！"

活着的人还要迎接新的人生，即便被逝者抛在这个世界上，他们依然会努力想起逝者。但是，忘记逝者也绝不是薄情的表现。而且，如果不那么想的话，活着的人就很难继续生活下去。慢慢地不再像以前一样总是想起逝者，这其实是一种健康的表现。

想起的时候不必特意去回避记忆，难过的时候就尽情去悲伤，这样人才能逐渐从悲伤中摆脱出来。

我在母亲去世的十年间一直会梦见母亲，母亲虽然会出现在我的梦中，但明显已经是逝者。就和希腊瓶画上描绘的一样，我的母亲看着不同的方向。因此，我也明白母亲并没有活着。这样的梦一直持续了十年，十年之后我终于不再做这样的梦了。像这样梦见逝者的时候，说明我们和逝者之间还有未断的联系，肯定要经过这样一个时期我们才能从悲伤中彻底走出来。

人会活很长时间，但在亲人先走一步的生者中有很多人都会拘泥于那最后的死亡。但是，死只是一个阶段，所以，如果拘泥于此的话，那就无法捕捉到逝者的人生全貌。

照顾过父母的人或许都会有一种追悔之意，后悔当时或许还可以做得更好一些。特别是自杀者的家人会更加悲伤。但那只是最后的死亡方式而已，人生还有很多其他的阶段。

逝者曾经活着的时候也有过很多快乐的事情，因此，如果我们将目光转向这些快乐时光的话，不久之后即使想起逝者也不会再流泪而是能够笑着去回忆。这样的日子一定会来到。

我们会经常遇到与亲近之人分离的情况，虽然那会非常难受，但这也是我们不得不去经历的事情，这种事情在佛教中叫作生老病死。活下去有时很痛苦，不过，虽然痛苦，但绝不是不幸。

第 4 讲

从衰老
和病痛中学习

当人生断了去路

本讲我来谈一谈衰老和病痛这两个主题，首先从我受伤的事情说起。

我在初中二年级的时候遭遇了交通事故，与摩托车正面撞上，当即便被急救车送到了医院。当时也并非那种意识不清的病危状态，身体好像还能动，但事故发生时的事情我都记不起来了。当清醒过来的时候，我对着护士大喊"痛！放开我！"医生诊断为右手和骨盆骨折，需要三个月才能痊愈，结果我在医院住了十天便出院了。当然，出院并不意味着骨折马上就好了，出院后我也一直得打着石膏。

幸好我还活着！在那之后很长一段时间，我都一直在思考为什么那个时候能够死里逃生这个问题。并且，我开始觉得在这之后的人生就是余生。

遭遇事故当然可怕，但更可怕的是不知道自己在之前的人生中都做了什么，无法对自己的行为负责是最恐怖的事情。在那之后，我逐渐长大，开始更加认真地思考各种各样的事情。

年轻人往往觉得明天会理所当然地如期而至，但当你遭遇了交通事故而受伤或者是生病的时候，就会认识到之前一直认为理所当然会到来的明天或许也会不再如期而至，明天到来的必然性就会随之减弱。

随着年龄的增加，人们会产生"今年也许是最后一次看到樱花了"之类的想法。一边欣赏着樱花感叹"真幸福"，一边又想着或许明年就不能再赏樱花了。使人产生这种想法的是衰老、疾病等人生中的重大变故。

因此，我们需要谈一谈在面对阻断了人生去路的重大变故时，究竟应该怎么想。衰老和病痛一般都被认为带有消极色彩。虽然肯定性地去把握它们非常困难，但也并非只能采取否定性的看法。

年轻人或许很难想象衰老之事。可是，倘若虽然年轻但生了病，就可以说是体验了急剧老化。身体不能动，这也是一种老化。当然，年轻人一旦病愈就会重新恢复原来的年轻状态，因此可能不会有像老年人

那样的切实感受。不过，我认为通过发挥想象力也能
感受到衰老。

衰老之现实

　　以自身的体验去理解衰老往往是人生后半段的事
情。人们在年轻的时候一般是通过目睹家人的逐渐老
去而感触到衰老之现实。

　　我就是这样。祖母因脑梗死而一病不起，无法再
走出房间。祖母身体健康的时候对我很好，但当祖
母病倒之后，我却很害怕踏进她的房间，竟然一次
也没有进去过。我认为这是非常残酷的事情。那时
候我母亲负责照顾生病的祖母，现在我才明白那有多
么辛苦。得了病的祖母已经不是身体健康时候的祖母
了，我花费了相当长的时间来接受这样一个无情的
事实。

　　父亲的衰老对我打击也很大。不知从什么时候开

始，父亲总是在电话里跟我念叨他自己的身体和生病的事情，声音无力，毫无精神。但当我因为心肌梗死病倒的时候，也许是他觉得自己必须振作起来了，于是父亲突然又像年轻了十几岁一样恢复了精神。

当父母认为"这个孩子已经不再让我操心了"的时候，他们往往就会急剧老去。相反，假如父母认为孩子离不开自己，一般就会变得精神起来。

父母的衰老与自身的衰老

但是，在那之后我因为自己生病的事情而耗费极大精力，根本顾不上父亲，与父亲之间的联系也逐渐变少。当时父亲一个人生活，我本以为他既然已经焕发了精神肯定会生活得很好，可实际上并非如此。在我不知道的时候，父亲的阿尔茨海默病逐渐加剧，最后竟然发展到无法独自生活的状态。

好久不见的父亲，头发全白了。原来那个硬朗的父亲的模样逐渐消失，看着父亲变老的现实，我十分后悔，想着应该早一些来到他的身边陪伴。

像这样，通过目睹家人的衰老，我们能够想象出自己不久之后的样子。不仅仅是我，恐怕大家在察觉到父母变老的时候多少也都会受到冲击。这是因为人们对衰老没有什么好印象。

大家知道斋藤茂吉这个日本短歌诗人吗？他的儿子是作家北壮夫，其本名叫斋藤宗吉。北壮夫有着远大的文学志向，希望能够成为小说家，给他最大影响的人就是作为短歌诗人的父亲斋藤茂吉。

在北壮夫矢志于文学之前，父亲一直是"可怕而模糊的存在"，但这时父亲"突然变成了尊敬的另一个短歌诗人"（《青年茂吉》）。

他一方面模仿父亲的短歌，开始自己创作短歌，另一方面也并未忽略父亲身上表现出的衰老迹象。

北壮夫偷偷读了父亲散步时总是带着的笔记本。他读了上面写的短歌，如果觉得父亲依然保有旺盛的创作欲就感觉很安心；相反，一旦他发现质量不佳的和歌①就对父亲的衰弱感到失落。

像这样，一旦目睹了父母的老去，人们就会对衰老产生否定性的印象。

那么，如果是自己老去的话，会发生什么呢？首先是身体衰弱。视力下降，眼睛看不清小字，牙齿变得脆弱、松动。另外，听力也逐渐下降。关于女性的衰老，阿德勒说，那些只从年轻和美丽角度认可自己价值的女性，一旦她们进入更年期就会"费尽心思引人注目，还常常会像自己受到不公平待遇一样采取充满敌意的防卫态度，整日闷闷不乐，甚至还会发展为抑郁症"。（这句话出自岸见一郎翻译的阿德勒的著作《寻求生存意义》②）。她们并非只是感到痛苦，而是苦于"如何引人注目"。

我认识一位男士，一旦他下班回家，妻子一定会一边照着镜子一边不停地追问"我漂亮吗"，一直持续

---

a　和歌：是日本的一种诗歌，由古代中国的乐府诗经过不断日本化发展而来。这是日本诗相对汉诗而言的。和歌包括长歌、短歌、片歌、连歌等。——译者注

b　日版书名：生きる意味を求めて（アドラー・セレクショ），阿尔弗雷德・阿德勒著，岸见一郎译，2007年12月出版。——译者注

到晚上睡觉，他为此十分无奈。而这位妻子正是苦恼于"如何引人注目"。

当然，衰弱的不仅仅是身体。也有很多人倾诉说记忆力也在不断下降。明明能够想起某个人的模样，可就是记不起名字。我也常常会出现这种状况，明明要从餐厅去书房拿本书，但到了书房后却忘记了自己要去拿什么。这种事情发生的次数多了，我们就不得不体会到衰老了。

但如果说是失去了年轻时候那样的记忆力或许并不正确。如果我们年老的时候也能像年轻时候一样认真学习的话，应该也能够跟年轻时候一样掌握住学习内容。但是，不付出努力，放弃训练自己，记忆力就衰弱下去了。

价值的下降

假如衰老和生病只是身体或者精神机能的劣化或

114

退化的话，倒不是大问题。最大的问题是人们动不动就因为衰老和生病而认为自己存在的价值下降了。

阿德勒说一旦身体开始衰弱，或者随着年龄的增加健忘加剧，并进一步影响生活的话，人们就会过低评价自己，进而产生自卑感。

自卑感又分健康和不健康两种形式。阿德勒说自卑感是一种具有普遍性的存在。也就是说人人都有自卑感，不存在没有自卑感的人。例如，不能站立和行走的孩子拼命努力想要站起来行走。虽然他们为自己不能行走而感到自卑，但是，这种促使孩子努力想要站起来行走的自卑感是健康的。

此外，如果与他人竞争的话，那就已经是不健康的自卑感了。当父母看到年龄比自己孩子小的孩子都开始走路了，或许就会感觉自己孩子不如其他孩子，于是就会激励自己的孩子尽快学会走路。如果孩子在与他者的竞争关系中感到自卑进而想要胜过他者的话，那或许就不能说是健康的自卑感了。

与自卑感相对的词是"自负"（优越性追求），即

115

努力做到优秀。阿德勒将这个词与自卑感对等使用。这也分健康的自负和不健康的自负。人一般都会从无力状态逐渐向有力状态过渡。刚出生的时候，离开他人的援手，孩子片刻也活不下去。努力想要摆脱这种状态的自负或许就可以说是健康的。

另外，阿德勒还说自负可以成为想要做其他事情的动机。他说"所有人的动机形成以及我们对自己文化所做的一切贡献的源泉都是优越性追求"（这句话出自岸见一郎翻译的阿德勒的著作《人生意义心理学》①）。因此，那些想要创造更舒适社会的天才们才努力发明各种各样的东西，钻研各种各样的学问。这就是一种自负。

问题是在说明了这一点之后，阿德勒接着说"人类的一切生活都沿着这一活动线发展，也就是从下到上、从消极到积极、从失败到胜利不断前进"，并且还

---

① 日版书名：人生の意味の心理学（アドラー・セレクション），阿尔弗雷德・阿德勒著，岸见一郎译，2010年5月出版。
　　——译者注

说"生存就是进化"。

孩子从不会行走的状态中努力学习站立行走，这或许符合"从下到上、从消极到积极"这一发展过程。

但是，"从失败到胜利"这一说法如何呢？孩子不会走路的状态难道是失败吗？站立起来就是取得了胜利吗？我认为这是一种错误的说法。

衰老和病痛并不是 "退化"而是"变化"

另一个问题就是人在衰老和生病之后很多事情都做不了了，那这是消极或者失败吗？我认为应该不是。

或者，假如使用含有积极意味的词语，不仅仅是衰老，年轻人生病之后很多事情突然做不了了，因此就说处于向下或者消极的状态了，我认为这也不对。

阿德勒的自负（优越性追求）这一观点存在着几个问题。既有可以治愈的病，也有无望恢复的病。假如患者患上那种无望恢复的病时，治疗或者康复训练是否就毫无意义呢？对于这一点，我们必须认真地加以讨论。

对于阿德勒这一观点，当然要加以批判，或者说有必要尝试着进行修正。阿德勒原本在维也纳工作，后来将工作地点换到了纽约。接管阿德勒在维也纳工作的莉迪亚·基哈也明确指出了刚刚讲的那个问题点。如果使用"优越性追求"这个词，就势必会令人想到上下或优劣之分。例如，爬梯子的人都是逐渐朝着上面攀爬。为了向上爬，下面的人就必须将上面的人拉下来，这就是当今的竞争社会。如果梯子上没有人就好了，可是上面往往都会有人在。

就像前面看到的那样，阿德勒说"生存就是进化"。但基哈认为这种进化不是向上的运动而是向前的运动，这里并无优劣之分。

不是上下运动，而是有人走在后面，有人走在前面。就平面来看的话，没有优劣之分，不同的仅仅是有的人走在前面而有的人走在后面。有走得快的人，也有只能慢慢走的人。基哈认为这即便是差别，也绝对不分优劣。

这种观点又怎么样呢？走在前面的人和走在后面的人，即使没有优劣之分，我依然无法抹掉优劣的竞争印象。无论怎样我都会觉得快速走在前面的人更加优秀。那么，怎么办才好呢？因为人们将生存看作是"进化"的过程，于是，只要我们讲"进化"，衰老和生病就只能是"退化"。即使用基哈的说法来讲，那也是后退。

不是"退化"而是"变化"

根据以上的问题点来看，我们该如何看待衰老和病痛呢？不是"进化"或"退化"，而如果将其看成"变化"如何呢？不必将年轻与衰老、健康与生病分出优劣，只考虑当时所处的状态即可。这样的话，即使因为衰老和生病而不能如愿去做各种各样的事情，我们也能够坦然接受当下的自己。

照此来讲的话，丢开理想中的自己也很重要。不要一味地想着曾经的自己什么都能做并以此来比照现实。

作家北条民雄是一名麻风病患者。虽然现在麻风病已经是可治疗的病了，但在过去却很难治愈。并且，在过去，患上麻风病的人非常受歧视，往往会被隔离在与世隔绝的疗养院里一直疗养。

北条民雄有一部名为《生命的初夜》的短篇小说集，其中的一个小说《遮眼罩》中写到作者只看到"对生命的热爱"就明白了"生命本身绝对的可贵性"。

常听人说生病之后才明白健康的可贵，但前提是生病之人可以重新恢复健康。大家要注意麻风病在当时被看作是不治之症，北条民雄在这里讲述的是与能否恢复健康无关的生命本身绝对的可贵性。

我们应该努力做到的是，不管是否生病，都能够懂得活着的可贵。衰老也是一样。它是不可逆的事情，我们以后也不可能再重回年轻的岁月。但是，如果不能恢复健康、不能变回年轻，我们就只能陷入绝望吗？绝非如此！

并非为了健康而活

当然，我并不是说不可以追求健康。如果以健康为目标的话，那当然也可以。不过，我们必须得思考清楚为了什么而追求健康。健康是什么呢？可以说是"工具"。这个"工具"处于好的状态或许比不好的状态更有利。但是，为什么希望健康这个问题也必须想明白。

2019年，我在中国台北进行了有关老年人问题的演讲。登台演讲的除我之外，还有一个人。这个人原来是一位大学教授，也是老年人问题专家。这位老师极力主张必须努力保持健康。这并没有错，但是，这位老师说之所以必须努力保持健康是因为医疗资源有限，这一点我不能同意。

的确，医疗资源是有限的。但是，我们并不是为了国家才不可以生病。我们在考虑任何问题的时候，都不可以将自己搁置一旁，以局外人的角度去看待事情。

我们究竟是为了什么才想要保持健康呢？我们必须得考虑清楚追求健康的目的是什么。获得健康本身并不是目的。现实生活中，吃药的人也有很多。我自己在得了心肌梗死之后也每天都在吃药，虽然不吃药也不至于马上就不行，但有可能会再次引发心肌梗死。

但是，我们并非为了吃药而活，也不是为了吃药获得健康而活，我们是为了幸福而活。因此，追求健康的努力如果与幸福没有关联，那就毫无意义。

目的是幸福

不过，我也并不是说不能以健康为目标，但倘若忽略了健康是为了什么这一目标的话，那就不妥当了。如果没有获得健康的话，我们就不能获得幸福

吗？并非如此。健康只是获得幸福和幸福生活的一个
手段。因此，并不是为了幸福才必须保持健康。

阿德勒或柏拉图并不站在原因论角度进行思考。
阻挡人生去路的病痛、衰老或受伤并非不幸的原因。
即便是经历同样的事情，如何去认识这种不幸也会因
人而异。

人们并不会因为经历什么事情而变得幸福或不幸
福。不认为生病、受伤抑或衰老一定会令人变得不幸
福，这是站在目的论角度进行思考。并且，其目的就
是幸福，这一点我们之前一直在进行说明。

提到目的，人们往往容易认为其属于未来。阿德
勒自己也提出了"生存就是进化""朝着目标的运动"
之类的说法，就此来看的话，他或许的确认为目标存
在于遥远的未来。

但是，请大家记住。三木清提出过"幸福即存
在""此时此刻人就置身于幸福之中"的观点。因此，并
不是只有达成什么目标才能够获得幸福。幸福本身就是
目的。幸福并不在遥远的未来，而就存在于此时此刻。

即使衰老或患病
价值也不会消失

接下来我们思考一下"未来"。实际上未来并不存在。这一点在本讲的一开始就说过了，明天并非会理所当然地到来。

我们往往会不由自主地畅想未来的人生，却还要去面对未来的人生并不存在这一现实。因此，未来确实不存在。不是还没有到来，而是本就"不存在"。我认为寄希望于这样的未来也是一种错误，并不是到了未来才会幸福，而是必须追求当下的幸福。

所以，不仅是身体机能衰退，就算是精神机能也衰弱了，也丝毫不会损害我们的幸福。

读过《被讨厌的勇气》这本书的人也许会知道，哲人在论述"他者贡献"的时候提到了"引导之星"，这就是北极星。旅人只要能够看到这颗星，就绝对不会迷路。那并不是文中"哲人"的独创，实际上是阿德勒使用的语言。

或许会被误解，但在那本书中，并不是只有哲人讲了哲学或者阿德勒心理学。在那里，作为对话者的青年关于这颗"引导之星"，说了"闪耀在高空"这样的话。这并不是将来，而是此时此刻的"他者贡献"。自己当下这么活着就是在对他者做贡献，能够体会到这一点就是我们人生的"引导之星"，也就是人生的目的。如果能够明白这一点，就可以获得幸福。

这种目的、目标并不在未来，所以，人们不会因为失去健康或者病痛无法恢复而不能获得幸福。进一步讲，如果能够体会到当下的状态就可以进行他者贡献的话，那便能够获得幸福。

阿德勒在《人为什么会患精神病》中说："重要的不是被给予了什么，而是如何去利用被给予的东西。"总之，如果随着年龄的增长很多事情都不能做了的话，那就接纳这样的自己并做一些力所能及的事情。

当然，自己的价值并不会因为什么都不能做了而消失。但是，不放弃也是一种非常可贵的生存方式。我的母亲因为脑梗死病倒之后很多事情都不能做了。由于预后（对于某种疾病最后结果的预测）良好，本来以为很快就能出院了，没想到大约过了一个月就再次发作，之后又逐渐恶化，最终失去了意识。

不过，在尚有意识的时候，母亲曾说"你帮我把德语课本从家里拿来。"德语课本是我上大学的时候教母亲德语用的。母亲说"想要再学一次，你帮我拿来吧。"因此，我和母亲又从字母表开始学起了。

不久之后，母亲意识水平下降，渐渐失去了耐性，于是就让我给她读陀思妥耶夫斯基的《卡拉马佐夫兄弟》。因为她记得我曾经在某个夏天读得非常入迷。于是，我就读给母亲听。但是，不久之后，母亲便开始昏迷，也就无法听到了，所以我便不再读了。

母亲病倒之后不久，身体就无法活动了，因此她

就想用带把儿的小镜子努力看外面的风景。看着即使
在病床上也依然没有失去生活热情的母亲，家人都备
受鼓舞。那时候，我懂得了人在任何状态下都能够保
持自由。

能够获得贡献感的贡献

　　前面讲到即使生病了价值也并不会消失，如果有
能够做的事情就去做，不放弃生存的希望，将这样一
种积极面对人生的态度展示给他者，这或许对他者来
说就是一种莫大的鼓励。

　　稍微补充一点，不要因为生病了就认为会给他人
添麻烦，这一点非常重要。这个问题在前边已经讲过
了，今天人们对于衰老和生病都抱有消极印象，因此
有很多人并不愿接受延命治疗。其理由也并不是信仰
方面的事情，而是难以忍受剧痛，或者是因为不想给
他者或家人添麻烦。

　　但是，大家一定要明白并不是生病了就会给他者添麻烦。大家自己也会遇到这样的情况，在照顾父母的时候，如果父母这么对你说的话，请你坚定地说："不是的，根本没有！"

　　病人所做的贡献就是让负责看护或照顾的家人获得一种贡献感。假如通过照顾父母获得贡献感的话，你就能够感觉自己有价值。如果能够体会到自己有价值的话，你就可以获得勇气。

　　宫泽贤治写过一首名为《永诀之晨》的诗。宫泽贤治在照顾比自己小两岁的病中的妹妹的时候，在一个雨雪交加的早晨，妹妹说"请给我些雪"，希望哥哥宫泽贤治给她取点儿雪。对此，宫泽贤治吟咏道那是"为了使我一生光明"。

　　她或许会认为自己给哥哥添麻烦了。但是，对于哥哥宫泽贤治来说，通过给妹妹做贡献让妹妹开心，自己也能够获得一种贡献感。

倾听"身体的声音"

前面讲到"重要的不是被给予了什么,而是如何去利用被给予的东西"。如果生病了的话,你也只能将其作为被给予自己的东西坦然接受,但也并不是说不可以努力保持健康。

为此,我们需要认真倾听"身体的声音",尽早察觉身体出现的异常情况。不过,听到这种声音必然会迟一些,虽然身体一直在发出声音,但我们即使听到了往往也容易将其忽视。之所以这么做是因为害怕知道自己得了致命的病。于是,一天天拖延着,迟迟不去医院,而这种晚去医院接受治疗的情况有时候会是致命的。

荷兰病理学家班登·贝尔克在《病床心理学》说:"真正健康的人往往拥有一个容易受伤的身体,他自己也能察觉到这种易受伤性。这件事情在制造着一种反应性。"反应性就是"responsibility"。这个单词一般被译为"责任"。"responsibility"即为

"应答（response）能力（ability）"。身体提醒本人它出现了异常情况，能够及时回应这种提醒就叫作"responsibility"。

按照来自身体的提醒及时去医院，即使被医生告知得了重病也绝不是失败。倘若能够明白这一点的话，你就可以更加冷静地倾听身体的声音。

关于衰老和生病，很多时候我们往往只看到消极面，但其也有积极面。接下来就思考一下如何才能看到其积极面。

人在患病或衰老时 要学习什么

班登·贝尔克说："所有的事情都会随着时间一起发生变化，但患者却被冲到了没有时间的岸边。"

这就是说明天不再那么理所当然地到来，即"明天或许不再到来"。

倘若在这个意义上患者被冲到了没有时间的岸边，那么他们对人生的看法就会发生变化。班登·贝尔克接着说："对人生误解最厉害的是谁呢？难道不是那些健康的人吗？"

或许有一些事情是人在健康的时候看不到的，只有躺在病床上才能够看清楚。

在芳年早逝的母亲看到的事物中，肯定有一些是我无法看到的。那究竟是什么呢？我自己躺在病床上什么也做不了的时候努力地去思考了一下，其中一点就是人生的意义。我认真思考了人生中真正重要的东西究竟是什么。

另一点就是明天并不会理所当然地到来。患者被冲到没有时间的岸边，明天或许不再到来，倘若如此，他们又该如何活下去呢？促使人们思考这些问题的是衰老和病痛。

还有一点，那就是处理人际关系的方式会发生变化。生病之后，原来亲近的人也可能离你而去，你也可能会发现原本你以为并不怎么亲近的人实际上非常在意自己。

我在患心肌梗死病倒的前不久，朋友寄来了一张明信片，说是当了某个大学的教授。我一直是以自由职业人的身份做研究，那本来也是自己的选择。尽管如此，我还是有一种被他人领先一步的感觉，心里多少有点儿不舒服。

我在住院的时候想起了那张明信片，因为已经可以在床上支撑着起身了，所以便给他发邮件说："我这种状态不知道要多久才能重返工作岗位，但现在也只能不去想工作的事情静心疗养。你似乎很忙，但一定不要累坏身体啊！"

那天晚上我做了一个梦，梦见我这位朋友。在梦里，我对他说："真是太好了，祝贺你！"于是，他问："本来你并没打算这么说吧?"

然而，现实中的他在百忙之中来看望远方的我。无法为他的就职真心高兴的我对此感到十分惭愧，看到他的一瞬间，我号啕大哭。我在生病之后才知道那个朋友是如此在乎自己。

最后，我想引用某位护士说的话，并以此来结束本讲的内容。

她对我说："很多人获救之后也还是像往常一样生活。但是，你还很年轻，请抱着重活了一次的心情好好努力吧！"

"恢复"既有能够恢复到跟生病前一样健康的情况，也有无法恢复如常的情况。即便如此，如果能够以生病为契机看到生病前无法看到的东西，那我们就能借此"重生"。

答疑

Q 您说要如实接受现状，没必要一定前进，存在本身就很可贵。但我有两个疑问，第一个是针对自己的，第二个是针对他者的。

针对自己的问题就是，这样的思想会不会导致享乐主义甚至是不良意义上的懒惰？第二个针对他者的问题就是，在竞争社会中，例如在工作水平等方面，业务不如他人，收入就会下降，这些都是很现实的问题。在这两个方面，我们又该如何去理解存在本身的可贵性呢？请老师就此讲一下。

A 对自己来说的话，我认为人生中可以有一段什么也不做的时期。不要认为什么都不做是不好的事情。如果生病的话，不管愿意与否，都无法继续前进了。就像在本讲中反复说到的那样，即使生病了，仅仅活着就很有价值，因此，我们可以把现在当成是什么也不干的时期，也不要想着去做什么。

我经常为抑郁症患者做心理辅导。患上这个病的时候，患者会有一种像轨道飞车俯冲一样的恐惧感，一旦挣扎着想要逃离这种恐惧的话，轨道飞车就会停在最低点。相反，假如患者什么都不做的话，下降的能量不久就会转为上升的能量。因此，重要的是不要焦虑。

具体有哪些办法呢？例如，患者可以去旅行。但是，这样做的话，或许旅行中途会有来自公司的电话，倘若如此，也许可以带着手机去，不，还是得在家里接电话才行。像这样无法下定决心到外面去的时候，病情就很难好转。患抑郁症的人一般都非常认真。这样的人一旦想着现在可以什么也不做，能够出去旅行，病情就会逐渐恢复了。

在针对他者方面，当提到接纳真实的自己，很多人会担心这样会失去上进心。但是，部下如果知道上司可以接纳真实的自己，就能够勇敢地迈出下一步。

相反，倘若上司将自己的理想强加给部下的话，情况又会如何呢？一旦上司提到其他优秀部下的事情，讲一些"你应该更加努力""如果更加努力的话，你应该会做得更好"之类的话，即使自己也认为当然要努力的部下反而可能会产生逆反情绪。理想如果不切实际的话，部下就会认为自己根本无法满足上司的期待而放弃努力。

最近，我有时候会使用"存在认可"这个词。不是因为做了什么，而是存在本身、活着本身就很有价值，上司对部下、父母对孩子都要传达这一价值。虽然工作必须出成果，但上司也要首先从接纳真实的部下开始。

亲子关系也是一样。无论是与父母的理想相违背，还是孩子生病，抑或出了问题，不管怎样，父母都应该对孩子说："很高兴你是我的孩子。"这一点非常重要。

Q 我感觉老师您说的"不是获得幸福，而是置身幸福之中"与根据犹太人集中营经历写了《追寻生命的意义》的维克多·E. 弗兰克尔所说的"幸福一追就跑掉"似乎是一样的道理。我认为之所以"想要获得幸福"是因为当下并不幸福。

因此，如果当下幸福，人就会感觉不到任何对幸福的欲求，如果置身幸福之中就什么也不会去追求。

A 法兰克福反对人类本来就应该追求幸福这一观点。幸福并不是目标，而是结果，幸福不是追求到的东西。法兰克福说一旦想要获得幸福就无法幸福了。

我在前面引用柏拉图和三木清的话谈了幸福。我的立场与法兰克福不同。虽然人人都渴望幸福，但并不必为此去做什么特别的事情。即使不去想着获取幸福，像现在这样活着实际上就很幸福。

137

注意到这一点就会变得幸福，这才是我的想法。想要努力获取幸福的人，引用三木清的话就是，看上去似乎在想象着成功。这样一来，这些人或许会错过当下的幸福。

Q 也就是说人们追求的不是中奖的幸福，而是活在当下的幸福吧。我认为置身幸福之中可能就已经感觉不到幸福了。

A 是的。与其说因为不幸福才会追求幸福，还不如说是因为幸福才意识不到幸福。

Q 那就是说仅仅是存在、活着的幸福吧。

A 再说一点就是，幸福是以自己对他者有所贡献为前提。即使我们衰老和生病了，只要活着，并且能够感觉到自身对他者有用就是幸福。这完全不同于兴奋剂、麻药、酒精或者是中奖时所带来的幸福感或陶醉感，它根本不是那种感觉。这种感觉不是主观方面的。

顺便说一下，中奖时候的幸福感实际上既不是幸福感也不是幸福，而是"幸运"。即使不中奖，也就是即使不幸运，也可以幸福。

Q 今天给我印象最深的就是您讲的是否健康与是否幸福并没有什么关系，那只是"手段"而已。

A 用刚才的话说或许健康就是幸运吧。

Q 按照我的理解幸运就如同轻易获得的成功一样，中奖之类的事情就是这样。实际上不辛苦付出就无法获得金钱，但瞬间获得了巨款，于是，或许有人就会弄得身败名裂。

幸运会发展成什么完全看自己，也就是说幸运既可以发展成幸福也可以发展成不幸吧。

A 的确如此。住宾馆的时候如果人们遇到能够看到漂亮海景的房间或许是一种幸运，而我经常遇到的是那种打开窗户只能看到隔壁大楼墙壁的房间，这或许是一种不幸运，但也并不是无处安身。能够确保有一个可以好好睡觉的地方就是幸福。因此，在不依赖表面事物这个意义上来讲，不管是否幸运都可以幸福。相反，也有不论多么幸运都认为自己不幸的人。

与是否幸运无关，人仅仅活着就很幸福。虽然大家很难这么想，但事实的确如此。

Q 那就是"当下"吗？

A 是的。"当下"即幸福。在本讲开始的时候，我提到了"活在余生"。初中二年级的学生就讲余生或许有点儿瘆人，但那时候我确实是这么想的。第二次产生活在余生的想法是在50岁因为心肌梗死病倒的时候。活着回来之后，每天仅仅因

140

为早上如期醒来就非常开心。

或许有人会说活着就只有痛苦，认为痛苦到连幸福之类令人开心的词都说不出来。但是，即便生活很苦，活着本身也非常可贵。当然，能够这么想确实需要"勇气"。

实际上，有人认为活着痛苦，从而无法继续活下去了。下一讲我们要谈一谈死亡，有人害怕死亡，也有人"憧憬"死亡。虽然"憧憬"这个词用得不太贴切，但确实有想着"要早日摆脱这痛苦的人生"而自我了断的人。不过，我想告诉大家的是绝对不可以选择自杀。

虽然生活辛苦，但活着依然很有意义。其实，现实生活中也有即使想活也活不成的情况。因此，我要坚定地告诉大家特别是那些想要自绝于生命的人：无论多么痛苦，也一定要活到最后！

如果能够认为仅仅活着就很幸福的话，那这个人对他者也会变得宽容。与刚才的问题也有关系，或许有时候你会想要对孩子或部下说"这样可不行"。
但是，你可以试着去想：这么冷的天里，部下或许只
想在暖和的被窝里待着吧，但还是来上班了，这本身
就很可贵。倘若真能感觉其可贵的话，你的心情就会
平静下来，也会变得幸福了。

第 **5** 讲

死亡并非终结

关于死亡

今天来谈一谈死亡。在本书的这6讲中，这或许是最沉重的一个话题。在第3讲中我们讲到人的价值就在于活着，我们无法从生产性或者能够做什么中去寻求人的价值。并且，那一讲的后半部分还谈到了人格论。作为人格意义上的人，人们并不需要任何条件。即使陷入失去意识之类的状态之中，人也依然是具有人格意义上的人。在这样的认识基础之上，第4讲中我们分析了衰老和病痛。

这一讲就是其续篇。一般来说，人最终都会生病，失去意识，直至死亡。那么，人死了之后就不再是人了吗？并非如此。对于生者来说，死者跟生前一样，依然活着。人即使死了，也依然活在其他人的心中。这并非比喻，而是确实如此，这一点我也一直在讲。

关于死亡，我讲过很多次了，因此，今天想要将重点放在稍微不同的地方。前面我讲到死者能够用与生者一样的存在力去感受，尽管如此，死和生并不一样。今天就从这一点开始谈起。

不隔绝生死的问题

作为家人，大家肯定都希望亲人去世后还和生前一样以某种形式继续存在下去。但是，我们也不得不清楚地认识到死者已经不在了。

阿德勒自己在成为精神科医生之前曾经想过要当医生，那时候他立志"要消除死亡"，也就是"想要将死亡从世上驱除出去"。不过，这样的事情自然是无法做到的。据其传记描述，虽然阿德勒的尝试并没有成功，但他在尝试过程中邂逅了"个体心理学"这一自创心理学。

我们无法消除死亡。有这样一个故事，在佛陀时代，有一位名叫迦沙·乔达弥的妇人。她挚爱的儿子在出生几天后就离开人世，这令她痛不欲生。乔达弥千辛万苦找到佛陀，求佛陀救救她的孩子。佛陀让她去从未办过葬礼的人家收集白色芥菜籽儿。那么，接下来发生了什么呢？她终于明白根本没有从未办过葬礼的人家。迦沙·乔达弥转遍了各种各样的人家但均未如愿，她最终明白了死亡是每个家庭都会遇到的事情，人终有一死。

但是，也有人宁愿相信生与死之间并无隔绝，苏格拉底便是如此。死是什么呢？苏格拉底就此列出了两种可能性。一种可能性是：死亡不是普通的睡眠，而是一个梦也不做的沉睡。倘若死亡真的是像"一个梦也不做的熟睡之夜"般的存在，那真可谓是意外收获了。

苏格拉底列出的另一种可能性则把死亡看作是从这个世界移居到"那个世界"。入睡困难又总是不断做梦的我倒是明白苏格拉底的言说。应该也有很多相信"那个世界"存在的人吧。

当人们没有真正经历过死亡的时候，只能在与当下所经历之事的类比中去思考死亡。但是，如果像这样来解释死亡的话，或许也会有人对其有了进一步的了解，从而不再将其视为某种特别的存在了。

在科技手段极其发达的今天，人们尝试着用人工智能（AI）、数码技术等方式来复活已故者。这也让人不再认为生与死之间有隔绝。

如果仅仅是通过深度学习（deep learning）收集过去的数据来再现已故者的说话方式，假如是歌手的话就是再现其演唱方式，那或许并无太大问题。但是，假如通过现代技术让人感觉真的宛如已故者在跟你打招呼，那我认为就有问题了。

当人们借助现代技术怀念已故者，产生"那时候他的话是不是这个意思啊""那时候他对我说的那句话我当时无法理解，但肯定是这个意思吧"之类的念头时，倘若仅仅是这样在个人层面上去思考已故者过去言辞的种种深意，那或许倒也没什么问题。

在我结婚之前，我的母亲就去世了。我曾经跟父亲讲过，在母亲去世之前，我便有一个比较中意的人，那时候母亲希望我能跟那个人结婚。或许当时也有人说最好等到过了母亲的一周年忌日之类的话，但是母亲的话非常奏效，我们在母亲去世还不到半年的时候便结婚了。

这是事实，所以搬出母亲的话来说事儿倒也没有问题。但是，假若明明没有相关事实，却有人利用死者的话，那就危险了。已故教主从"那个世界"传来了什么话，或者某位政治家复活之后说了什么话。这些话实际上并不是死者所讲，而是有人想要借此来散布一些利己言论。假如已故者突然复活并开口讲话，如果是衷心敬佩已故者的人，那肯定会泪流满面、激动异常吧。因此，比起直接由自己说，还是让已故者讲更能奏效。

接纳死亡

死亡是分别。无论它是什么，既然是分别，我们就免不了要悲伤。但是，我们迟早都要分别，总有一天要面对死亡。

不过，这并非易事。我在母亲去世之后从未在人前流过泪，但绝不是不难过。于是，因为压抑内心的悲伤，我将这种悲伤足足延长了十年。倘若能够早一些毫不顾忌地放声大哭的话，也许就不会这样了吧。因此，我们最好不要强行压抑悲伤。

或许我们还是需要迦沙·乔达弥那样的顿悟吧，即便佛陀并未讲什么大道理。不过，对于沉浸在悲伤之中的人，无论怎么诠释死亡，他们恐怕都难以接受吧。乔达弥用自己的双脚遍访各种人家，在亲身体验到没有从未举办过葬礼的家庭，也没有人会长生不老之后，她终于能够接受孩子的死亡了。

除此之外还有几个需要思考的问题。死很恐怖。如果可以的话，谁都不想死。尽管如此，或许会有很多人总觉得只有自己不会死。

这样的想法往往是基于"死很恐怖"这一前提。但是，死究竟是否恐怖，这谁都不知道。苏格拉底说畏惧死亡是"明明没有智慧却认为自己很聪明"，也就是"不知却以为知"。

　　所以，畏惧不了解的事情其实很奇怪，这么想的话或许能够多少帮一些人减轻对死亡的畏惧。

　　另一种想法就像是前面已经讲过的"衰老和病痛并不是退化，而是'变化'"，倘若如此，我们就能够认为与生病或衰老一样，死亡也只是一种变化而已。

不可消极等待死亡

　　话说回来，我们只能从他者之死中去认识死亡，他者之死即"不在"。即便是去世的人离开了这个世界，世界本身依然存在。与此相对，自己的死或许是无梦之眠，或许是移居他界，但也可能是化为虚无。如此一来，就连自己曾经生活于其中的世界也随之消失了。这个差别很大。

　　没有死而复生者。虽然有人讲濒死体验，但"濒死"用英语说就是"near death"，毕竟不是死亡。死亡究竟是什么，其实谁都不知道。

　　我是在小学时候知道有死亡这回事的，那件事还成了我开始学习哲学的一大契机，这在前面已经说过。那时候，我思考了很多很多。

　　我首先思考了是否有前世或来世。很有可能现在并不是我的第一次人生，但即使这样，我又不记得前世的事情。如此一来，即使来世复活过来，我也会完全不记得当下人生的事情。无论现在经历什么，怎样努力生活，来世我都不会记得自己在此世所经历的事情。这样的话，我也就无法对此世所做之事负责了吗？

　　大家都听父母讲过我们自己小时候的事情吧。但是，即使听父母说我们小时候做了什么，自己也完全记不起来。这种时候我们往往会变得不安，而人们对死亡的恐惧或许与此有些相同，我们无法对当下不记得的言行负责。

　　完全无法对自己的言行负责是一件很恐怖的事情。倘若是这样的话，我们可不可以这样想呢？虽然不记得，我们也要采取对当下人生负责的活法。也只能如此——最后我暂时得出了这样的结论。

此外，我还思考了这样的事情，那就是"反正早晚也会死……"。有没有人也被这种想法困扰过呢？一想到再怎么拼命学习最终都是死，便怀疑是否还有必要努力或者努力是否还有意义，然后就会变得自暴自弃。如果人们最终都是病死的话，那也无怪乎会有人想要过吃喝玩乐的人生了。

另外，我还想到反正心脏终会停止跳动，倒不如现在就停止呢。然而，人的价值就在于活着。同样，对我们来说，活着也是一大课题。

关于其他课题，或许会有很多人以诸多理由来进行回避。但是，活着是一个根本无法回避的人生课题，因此，即使活得再怎么痛苦，也不可以从度过痛苦人生这一课题中逃离。虽然那时我并未思考得如此清晰，但在思考这些事情的过程中，还是小学生的我似乎不知不觉间稍稍减少了对死亡的恐惧。在那之后，因为我并非一切都已经弄明白了，所以依然还会继续思考死亡是什么这一问题。

积极应对死亡

那么，面对死亡，我们该怎么做呢？似乎马上就要进入本讲的结论性环节了，最近我常常在思考这样的事情。首先，无论死亡是什么，即便是归于虚无，我们也不可以因此而改变活法。绝不可以因为终有一死便自暴自弃或者只顾享乐，甚至是杀人作恶、肆意妄为。

活着的时候，有人会时不时地改变生活态度。例如，如果自己所做之事得到了某些人的认可，便非常努力。但是，如果得不到认可，有的人便不再努力，而这样的人称不上是成熟的人。

希尔蒂在《不眠之夜》[①]中曾说过这样的话："就我们看来，世上之所以有不受惩罚之事或许就是要将这个推论正当化，那就是：并非世上的一切都会被细细

---

① 日版书名：眠られぬ夜のために（岩波クラシックス；36,37），希尔蒂著，草间平作、大和邦太郎译，岩波书店，1983年6月出版。——译者注

清算，肯定还会有接下来的生活。"

我的母亲一直在家里过着起得最早、睡得最晚的生活，好不容易结束了照顾老人和养育孩子的劳累生活，刚刚要开始自己的人生之时却突然病倒了。每每怀念起母亲的人生，我就会感叹如果有"接下来的生活"，母亲的努力得到回报该有多好。

但是，现在我却想要成为这样的人：在这个世界未获得认可的人，无论在"那个世界"是否会得到回报，如果当下有必要采取正确行为的话，就应该这样做。

不等待死亡

接下来我们思考一下"不等待死亡"这件事情。一方面，人人都会死亡。我认为除死亡以外的事情都可以去等待。等待本身或许很愉快。为什么很愉快呢？例如，与人约好见面的话，心中就会非常期待，也会十分紧张，如此结束等待，那当然很开心。

另一方面，死亡会降临到每一个人身上。如果是这样的话，死亡这件事就不必去等待了。

米尔顿·艾瑞克森在《催眠之声伴随你》[1]中曾说过这样的话："我认为人应该牢牢记住：出生之日即为开始走向死亡之日。"

虽然这是理所当然的事情，但事实的确如艾瑞克森所言。人一出生便开始走向死亡。

我在第1讲介绍过古希腊人的观念：最大的幸福是不出生，次一级的幸福是出生之后尽快死亡。

艾瑞克森接着说："少数人不在死亡上面浪费那么多时间，而是有效地度过人生。与此相比，很多人都是在漫长的时间中等待死亡。"

"不浪费那么多时间"但并非完全不在意死亡。

例如，与朋友约好见面自己却睡过头了，慌慌张

---

[1] 日版书名：私の声はあなたとともに：ミルトン・エリクソンのいやしのストーリー，西德尼·罗森、米尔顿·艾瑞克森编，中野善行、青木省三译，二瓶社，1996年10月出版。——译者注

张没带手机便飞奔出门。这时无论在出租车里怎么愁眉不展地苦思着对方会不会生气或者担心，出租车也不会早到一秒。若是那样的话，倒不如思考一下如何平复对方生气的情绪。对于已经发生的事情，我们无法改变其结果，因此，我们要做的就是想办法弥补后果。总是愁眉不展胡思乱想的人就是在将大量时间浪费在死亡上面的人。

像这样从容且高效地活着，不等待死亡，如果能够这样想的话，或许人生就会大不相同。

总之就是"不等待死亡"。怎样才能做到不等待死亡呢？只将今日用在今日之事上。如果今日充实了，或许我们就不会过于思虑明日之事了。

约会分别的时候之所以一定要约定下一次的见面，是因为双方不能满足于当天的约会。能够享受到满意时光的人恐怕不会考虑是否需要约定下一次见面的事情。如果能够不断积累不必想着下一次挽回今日之缺憾的相会，两个人的恋爱就会开出幸福的果实。

如果能够过好每一天，我们就能够无畏将来和死亡，然后好好活着。如此一来，我们自然就不会去在意死亡究竟是什么这个问题了吧。近来我正在思考这样的事情。

"我"来主宰"心灵"和"身体"

关于死亡前面我们说了两点，即接纳死亡和积极应对死亡，接下来我们来谈一下第三点。柏拉图说"灵魂不死"。现代人或许不理解，但不仅是柏拉图，当时的希腊人也认为灵魂被困在身体这个"牢狱"之内。死亡就是灵魂离开身体（图5-1）。

图5-1　死亡就是灵魂离开身体

在柏拉图所著的《斐多篇》中提到，苏格拉底说哲学家尽管一生都被身体所困，但思索的时候却一直努力让灵魂脱离身体。也就是说，由于尽可能地只留下灵魂，所以，被判定为死刑的时候畏惧死亡反而很奇怪，因为灵魂不死。

身体有时候会妨碍人们进行思索。例如，即便你想要工作，若是喝了酒的话，醉意上来身体便不听使唤。

当今时代，人们往往把灵魂理解为意识，并认为这个意识是作为身体一部分的大脑创造出来的（图5-2），即由身体或者说作为身体一部分的大脑来创造灵魂。死亡就是大脑停止活动，意识便会随之消失，或者理解为意识被悉数还给大脑。

图5-2　意识由大脑创造

158

也就是说，人们根本不去设想不同于大脑的，或许可以称为灵魂、心灵、意识或者精神之类事物的存在。

但是，阿德勒却持完全不同的看法。用英语表达的话，他将自己开创的心理学称为"individual psychology"（个体心理学）。"个体"是"individual"的译语，但用日语无法准确而全面地传达其原意。

为什么说是"个体"呢？"in"是一个表示否定的前缀词，"dividual"的动词形式是"divide"，意为"分开"。所以，"个体"即为"不能分割"之意。

所谓"不能分割"就是说不可分割为感性与理性，有意识与无意识，身体与心灵（也可以说是灵魂、精神、意识）等。阿德勒并不主张是愤怒的感情使人发怒，并且他认为人们在做出某项选择的时候即便是按照自己的意志进行的选择，但其实也是无意识使然。像这样对不可以加以分割的整体的个体研究，即为"个体心理学"。

阿德勒说"大脑是心灵的工具，但不是起源"。这里的大脑就是身体的一部分。包括大脑在内的身体是心灵的工具，也就是说心灵将身体作为工具来使用，而不是起源。总而言之，并不是大脑（<身体，即大脑是身体的一部分，但小于身体）创造了心灵（灵魂、精神、意识）。

但是，说心灵使用包括大脑在内的身体也有些奇怪吧。作为不能分割的整体的个体应该既不是心灵也不是身体。如此一来，与身体和心灵不同，只好考虑一下阿德勒没有使用的概念"我"了。

不是心灵使用大脑，而是"我"使用作为身体一部分的大脑。或者说，假如不理解为"我"在使用心灵的话，阿德勒的言说就会显得自相矛盾。

如图5-3所示，"我"由心灵（灵魂、精神、意识）和身体构成。大脑被包含在身体之中。"我"使用"心灵"，"我"使用"身体"。这里的"我"就是作为不可分割之整体的"我"。

不过，"我"使用"心灵"，"我"使用"身体"与说心灵和身体是一样的却稍微有些不同。阿德勒主张身体和心灵都是"生命"的一个过程或者表现，只是两者的着眼点和聚焦点不一样。实际上，身体和心灵不可以描绘为图5-3那样的相加关系。

并且，心灵和身体相互影响。身体影响心灵或许容易理解。例如，即使想拿起物品，但如果手被捆住的话，就无法拿起来。骨折、衰老或者疾病致使身体行动不便的话，一样是有些事情想做也做不到。

我

图5-3 "我"的构成

161

相反，心灵当然也会影响身体。被人恶语相加而心神不安的人有时会夜不能寐，甚至会生病。这就是心灵影响身体的例子。阿德勒否定心灵创伤（心灵外伤），但人被强加于违背自己意愿之事时心灵肯定会忧伤，这也会通过身体症状表现出来。因此，我们有时会见到"心身疾病"这个词。所以，作为生命表现的心灵和身体是可以互相影响的。

"我"之不死

在之前的说明中，我们还没能谈到"不死"的问题，接下来我就稍微谈一谈。我祖父在战争中中了燃烧弹，脸被大面积烧伤，虽然身体受损了，但"我"（指祖父）却丝毫未受此影响。我们的身体会逐渐变得无法充分发挥其功能，继而因为死亡，身体也会停止运转。但即使如此，"我"也不会消失。

同样的道理也适用于心灵。即使心灵机能下降，例如，由于患有阿尔茨海默病，所以患者会连刚刚发生的事情都不记得了，或者随着死亡一起消失了，但"我"也依然存在。"我"将会一直不死。

心灵和身体死了的话就会消失、归于虚无或者是机能停止。但是，当我们的亲人亡故时，即使心灵和身体都没有了，那个"我"也不会因此而消失。

那么，当"我"在使用"心灵"或"身体"的时候在做什么呢？那就是决定"目标"。想要做什么的时候，人有自由意志可以决定做什么或者不做什么。

这种目标或设定由"我"来做。刚才谈到了人工智能使人复活的事情，有的学者对此持肯定态度。结果是，他们认为人也没有自由意志，只是由电脑创造出来的机器而已，只要输入过去的数据就可以令死者复活。

但是，无论以什么方式输入过去的数据，那都是机器在说话，绝对不是死者复活过来在说话。人们曾尝试着让电脑创作已故作家的新作，但是并未引起太多关注，那是因为作品并不怎么样。

虽然有人认为人工智能迟早能够做到这样的事情，但正如我们在本讲中看到的一样，人有自由意志，而机器没有。

或许所有作家都有过这样的经历，那就是感觉似乎不是自己本身在驱使着自己写小说。即便有这样的感觉，也肯定是自己本人驱使自己创作，只是并非之前创作习惯的一种延续，而是有了一种飞跃。我认为这正是靠自由意志进行创作的佐证，而机器或人工智能或许就无法进行这样的创作活动。

如果就行为整体而言的话，无论心灵和身体再怎么受制约，"我"都能够决定自己做什么。而现在的我就认为，或许可以说即便是心灵或身体机能停止了，这样的"我"也依然不死。

第2讲答疑的时候提到即使扩音器出现了故障，已故之人依然会继续讲话。这里的扩音器就是身体，即使扩音器出了故障，"我"依然会继续讲话。柏拉图说过"灵魂不死"，用今天的话讲就是"我"之不死。

不必死得体面

接下来，我们谈一谈关于"死亡"的最后一个话题。假如你被告知得了不治之症并且所剩时日不多的话，你该怎么做呢？

终其天年、被人眷恋地死去未必就是幸福的死亡。即使人们无比渴望这样的事情，也不一定能够实现。

因此，如果要说年轻人的死亡是否就不如终其天年者的死亡，那当然不是。现实生活中，既有孩子比父母先去世的情况，也有自杀的情况。我认为没有幸福之死和不幸之死之类的区别。

我特别想对那些自杀者的父母们说："请不要只看孩子最后的时刻。"谁都有自杀之前的人生经历。

虽然长寿被认为是好事，但其实不然。只有活在"当下"才有意义。

并且，未必一定要死得体面。《斐多篇》中写到"人必须在宁静中死去"。这是被执行死刑之前的苏格拉底所说的话，"必须"一词本身或许就带有"无法做到死得体面"之意吧。

苏格拉底是中毒而死的。一旦喝下毒药，毒素会慢慢渗到身体各个部位，脚先开始僵硬，之后毒素逐渐上升，不久就连心脏也变得僵硬，人就会死去。当然，我们没有必要选择这样的死法。一切分别都是悲伤的事情。或许我们还有想要做的事情，尽管如此，却不得不死的时候，我认为也可以号啕大哭。

三木清在《人生论笔记》中说了这样的话："在没有任何执着之事的虚无之心中，人或许是很难死亡的吧。"

接着他又说："因为有执着之事所以难以死去，也就意味着因为有执着之事所以才能死①。心中有着深深执着之事的人死后会有自己应该回去的地方。"三木清或许是在说他女儿的事情。三木清的妻子去世得早，

---

① 三木清原文表达的对死亡的看法是基于日本人的生死观，又加上了他自己的经历、感受和理解。即他想表达的其实是执着的信仰对于生死观念的影响，所以并不矛盾。——译者注

他与女儿一起生活。

三木清写这部分的时候恐怕不会想到战败后自己会死在狱中与女儿永久分别吧，但他应该是想到了如果自己先死的话女儿该怎么办。三木清一直惦念着自己深爱的妻子。如果在妻子去世之后自己不断想起妻子的话，就会认为自己去世之后自己深爱的人也一定会想念自己吧。

我因为心肌梗死病倒的时候，最遗憾的是看不到孩子们的将来便死去。其实，我并没怎么考虑自己的事情。当时我就想着人独自死去如此孤独。这种时候或许我也可以号啕大哭着说："我不想死啊！"因为谁都没有必要非得死得体面。

答疑

Q 在谈到幸福的时候，您说幸福没有条件，不幸也没有条件。如果现在感觉不到幸福的话，是不是必须得提醒自己"你很幸福"呢？

A 是的，有时候如果我们不这样提醒自己就察觉不到幸福。例如，无论孩子有再多问题，再怎么不符合父母的理想，父母也有必要有意识地提醒自己要体会到孩子活着本身就是一种幸福。

这对于身处不幸之中的人来说尤其不是一件容易的事情。或许谁也不想听别人讲什么生病也有意义之类的话吧。但是，经历过被认为是不幸变故的人需要花很长时间才能认识到经历那种变故也有一定的意义。

Q "因为有执着之事所以才能死"这句话我还是很难理解。今天听了老师您的话，或许有些偏离话题，但我想是不是并没有"区分生与死"呢？是不是最好有符合期待之事呢？

A 你是说符合他人期待的事吗？

Q 您讲到主治医生曾对您说"写书吧！因为书会被保留下来"，那么，这与本讲中所说的"执着"有关联吗？

A 三木清将"期待"和"希望"区别开来了。如果认为比起"未来"（"还没有到来"）还不如说"本就不存在"的话，人就不会对未来寄予希望。

我或许因为医生的话而对未来抱有期待，可虽然保住了命，但当时也根本不敢想恢复健康之后还能够和以前一样自由自在地做各种各样的事。可以说，畅想美好未来、规划人生目标之类的事情在当时是根本不敢想象的。

不过，我当时似乎能够看到一点儿活下去的希望，但并不是那种无论如何也要活着的对生的执着。

Q 我认为就像无法将身体和死亡分离开来一样，生和死似乎也不能分割吧。

A 在这一讲中，我们谈了不隔绝生死的问题。但与其说死是在生之"后"到来，还不如说它就存在于生之中。因此，没有现在活着就完全与死无缘的人。

我还讲到因为谁都会死，所以唯独死亡不必去等待，当下过得充实的话，就不会再去思虑明日之事。根据死是什么而改变活法是很奇怪的行为。如果不能悟透这些，你就会时常困扰于对死的不安之中。

Q 如果是这样的话，我认为三木清所说"因为有执着之事所以才能死"似乎就意味着生中有死、死中求生吧。

A 三木清使用了"虚无之心"这个词，我认为或许根本无法达到这样的境地，也许做一个正常人就可以。通过对生的执着，反而能够接受生与死之间绝对性的差异，就像执着于亡子的迦沙·乔达弥一样。

Q 在《伊索寓言》中《蚂蚁和蝈蝈》的故事里，蚂蚁勤奋劳作以备即将到来的冬日之需，而蝈蝈却只活在当下。能不能请您讲一件关于"活在当下"与"活得长久"的看法呢？

A 人并不知道什么时候会死。因此，人们一心只为将来做准备，勤勤恳恳地活着以备不时之需，这反而会让人们忽略了当下。在这个意义上来讲的话，像蝈蝈那样地活着也是一种活法。

但是，阿德勒并不推荐"快活一日是一日"那样的活法。

在前边已经说过了，即使是活在当下，也并不意味着采取享乐主义式的活法，而是必须要以位于"当下"的"他者贡献"为生存目标。

虽说是他者贡献，但也不必一定是做了什么了不起的事情。就像我反复强调的那样，人们可以通过活着本身来做出贡献。

Q 虽说是通过活着来做贡献，但也并不意味着活得长久就好吧。

A 人们并不知道自己是否能够活得长久。或许也有当人们注意到的时候已经活到了百岁的情况，所以说也并不是活得长久就是美好的人生。

长寿与短命并无价值性的优劣，关键在于人们是否过着聚焦"当下"的人生。

感觉给人生稍微打上一点儿微弱的光，似乎就能看到未来。这样的人或许喜欢进行人生设计，但在遭遇疾病、事故或灾害之时，他们就会感到根本无法做什么人生规划了。

对于那些认为实现了什么才是成功，成功了才能幸福的人来说，一旦计划实现不了，就会遭受相当大的打击。也有人刚刚建好房子，随即就倒塌了。我认为人生中很可能会发生一些意料之外的事情。

我们并不是为成功而活。能够想着以某种形式贡献他者而活的人，或者能够将这样的事情意识化的人就能够度过幸福的人生。

是否能够这样想也许还会影响人们对死的看法。如果是能够感受到自己在为他者做贡献继而很幸福的人，也许就不会有像那些总是喜欢进行人生设计的人对死怀有恐惧和不安。

Q 关于"我"，我还想再问一些问题。您说即使被烧伤身体发生了变化，"我"也不会变；患有阿尔茨海默病，"我"也不会变。可虽然"我"不死，但是不是"我"有时候也会发生变化呢？虽然有时候我想要努力工作，想将自己决定的事情坚持到底，但怎么也做不到。一旦发生这样的变化，我就会认为"我"死了一次，变成了一个全然不同的自己。

一方面，"我"在不断发生着变化。但另一方面，你难道不觉得十年前的"我"和现在的"我"之间存在着连续性，童年时代的"我"和现在的"我"之间也有连续性吗？虽然看上去发生了变化，但那个时候的自己与现在的自己之间有着紧密联系，这个意义上的同一性是一直被维持着的。

有时候受他者影响自己会发生变化。或许没有人能够做到无论在什么人面前都不受任何影响，绝不发生一丝改变。即便如此，也并不是每次"我"都会变成另外一个人。

但是，决定在这个人面前做不同于平时的自己的依然是"我",这个"我"一直是"我"。

Q 您讲到了"当下"。即使没有时间感觉、空间感觉，或者说因为"没有"，所以才能够理解"当下"吗？另外，所谓活在"当下"，是否可以理解为感到"现在自己很充实"的时候呢？

A 我父亲患上阿尔茨海默病之后，刚刚发生的事情也会忘记，就连母亲他都忘记了，虽然我对此十分震惊，但或许也可以说他过着一种人类理想的生活。

另一方面，如果我们没有意识地放下过去和未来的话，念起过去就会后悔，想到未来则会不安。

即便如此，有时候我们还是会察觉到自己曾活在过"当下"。虽然用过去式来修饰"当下"有些奇怪，但活在"当下"的时候，其实是意识不到这一点的。我做讲座的时候，就是活在"当

175

下"，连身体也忘记了。但是，一旦突然意识到明天必须交的原稿还没有写完，我就会瞬间被拉回现实。

但是，从开始一直讲到现在，我都完全没有意识到未来的事情，并且对后悔、不安以及自己是否幸福之类的事情也没有意识到。

某日，我的父亲满脸愁容地提出要"回自己的家"。之前他自己住的房子已经拆除，因此父亲并没有可以回的家了。当我说着"好了好了，先别说这个了，请坐在那里吧"与父亲聊天的时候，他竟也接受了哪里都不去这件事，然后就平静了下来。

虽然我们活在当下，但有时也会想起不同时间、地点的事情，还会产生"不应该待在这里""应该早点儿回去工作"之类的想法。在我患病住院，并且为护士们提供咨询时，曾经有一次，有位护士不听我的讲座一心只顾拼命地做着资格考试的往年习题集。或许他并不会因为没有听我的讲座将来就会因此而发生夺取患者性命的事情，但可能会因为那时候认为"这位老师的课对我来说没有意义"才不听课所导致的知识欠缺而在将来夺取患者性命。

比起不可知的未来，我认为忽略"当下"的人生才真是可惜。

第**6**讲

活在当下

真实地活着

马上开始最后一讲了。

"当下"这一说法，其实阿德勒自身并没有使用。埃里希·弗洛姆在其著作《占有还是存在》（*To have or to be*）中使用了"hic et nunc"这一拉丁语表达，"hic"即"这里"，"nunc"相当于"现在"。

当然，阿德勒其实也知道这个词。阿德勒使用"unsachlich"一词来形容与现实没有衔接点的生存方式。这是一个由意思为"事实"或"现实"的名词"Sache"派生而来的形容词，意思就是"与事实或现实不符""丧失与现实之间的衔接点"。

"un"是表示否定的词语，因此，去掉它之后的"sachlich"就成了"符合事实或现实"之意，我将其译为"即事的"。所谓"符合现实地活着"就是指与现实之间有衔接点的生存方式，或者说得更直白一些就是"脚踏实地的活法"之意。我们在第1讲中说过哲学就是帮助人们脚踏实地地思考事物的学问，也就是说哲学是具体性的学问。学习哲学的方法也必须是符合现实的、脚踏实地的生活。

那么，接下来我们思考一下怎样才能做到这样真实地活着。

不要在意别人的想法

人们要想真实地活着，就不要在意别人怎么想。这一点经常会引起误解，它并不是让人们完全不在意他人或者旁若无人地行事之类的意思。

以前，能够获得说话机会的年轻人往往都是"优秀的"人。能够意识到自己的言行被他人如何理解非常重要，关于这一点自不必多说。从这个意义上来讲，谁都在意别人的想法。虽然并不是注意到不去伤人就能不伤人，但是否意识到这一点还是有着很大的差别。一旦人们过于在意不去伤人，就会导致想说的话不能说，最终只能做自己不愿意做的事。在此请大家首先明白一点，那就是：在意别人怎么想的人往往都是优秀的人。

那么，要问我们希望别人怎么想自己的话，那当然是希望别人认为自己优秀。因此，为了让别人认为自己优秀，人们就会尽可能地去按照别人的期待活着。如此一来，即使有真正想做的事情，也难以说出口。例如，去吃饭的时候，即使自己有想要尝一尝的食物但还是点了与他人一样的饭菜。如果仅仅是这些小事情的话，那或许倒也形不成多大的危害。但是，倘若人生道路也按照父母的希望去选择，那就会将自己的人生活成父母的人生。

此外，假如人们不去管他人怎么想，自己决定自己想做的事情，势必会出现反对者，也有可能会遭人讨厌。

如果有谁都认为好的人或者不遭任何人讨厌的人存在的话，那这样的人过的一定不是自己的人生。也就是说，仅仅是因为按照周围人的期待活着，所以才没有人说自己不好。这样的人不是按照自己的信念活

着，而是选择能够令他人满意的活法，所以他们的人
生的方向性就不固定。并且，因为这样的人没有自己
的想法，不断地察言观色、改变主意，所以他们也不
会被任何人信赖。

　　因此，有人讨厌自己反而说明自己活得比较自由
自在。为了自由自在地活着，这也可以说是必须要付
出的代价。

　　如果是年轻人的话，有时候会遇到父母反对自己
结婚的情况。父母或许认为反对孩子结婚是自己的权
利，但是，父母并没有办法对孩子的人生负责。例
如，孩子因为父母的反对而没能与自己喜欢的人结
婚，并且过得很不幸福，这种时候，父母能够为自己
反对孩子结婚的事情负责吗？

　　就孩子而言，在婚姻生活不顺的时候，抱怨因为
遭到父母的反对没能和喜欢的人结婚才导致不幸，将
责任归咎于父母，这其实是一种狡猾的做法。因为，
遭到父母反对便放弃结婚的人当时是想要获得父母的
好感。抱着这样的想法放弃过自己人生的人称不上是

真实地活着。因为这样的人过的不是自己的人生，而是父母的人生。

当今时代，或许很少有听父母话结婚的人。相反，担心孩子总是不结婚的父母倒是有很多。即使父母催促孩子早结婚，孩子也可以这是自己的人生为由来拒绝。

把对自己的关心转向他者

阿德勒将人们想要被他人称赞这一心理称为"虚荣心"，并说"人很容易因为虚荣心而错失与现实的衔接点"。这样的人不是活在自己的人生中，而是努力活在他人期待自己过的人生中，因此活得并不真实。

此外，勉强去做超出自己能力的事，让自己看上去比实际更好，并借此让别人高看自己的人也是按照别人的期待而活。不能活出真实自我的人过的不是自己的人生，而是他者的人生。

相反，那些不在意别人看法的人就能够不错失与现实的衔接点，真实地活着。

并且，阿德勒还说在意别人想法的人，"行动自由"会受到妨碍。这一点在第2讲已经说过了，所谓行动自由受到妨碍是指该说的话不能说，该做的事无法做。

有些人并不是不知道自己应该说什么或者应该做什么，而是考虑到这样说会不会惹上司不悦或者那样做会不会对自己不利之类的事情。

有些人只做上司吩咐的事情。比起失败后被上司训斥并承担责任，还是按照上司的吩咐行事更轻松。当今时代，对工作毫不上心，办事没有原则的大有人在。阿德勒说一旦到了这种地步，将会妨碍"人的一切自由"，因为这些人只知道考虑是否对自己有利。

相反，顾忌良心苛责的人则会比较烦恼，有的人甚至会选择自杀。一定不要让这样的事情发生。

不做该做的事，也无法说该说的话，这样的人最终关心的只有自己。阿德勒所说的"共同体感觉"用英语表达是"social interest"，即"对他者的关心"之意。教育的目标就是将"对自己的关心"（self interest）转变为"对他者的关心"（social interest），从这个意义上来讲，阿德勒认为其是"共同体感觉的培养"。

阿德勒并不指望通过政治力量来改变世界。他认为必须通过教育来进行改革，那是因为就像今天看到的一样，最大的问题是一些政治家只知道关心自己。

任何人刚出生的时候都是活在这个世界的中心。如果没有父母的不断援助，孩子就无法生存。但是，孩子逐渐会被父母要求做力所能及的事，这时候孩子就会明白自己并不是世界的中心。

但是，问题是有的人总是无法忘记自己位于这个世界中心时候的事情，一心想着他人会为自己做什么，只知道关心自己。把只指向自己的关心转移到他者身上，这就是教育的目标。

接纳真实的自己

别人的评价与自己的价值或本质毫无关系。很多人一被别人夸奖就很开心，但无论别人说什么，我们都必须能够自己认可自己的价值。按照别人的评价活着的人活得并不真实。

不管别人的评价如何，勇敢接纳真实的自己，这就是真实地活着的第二层意思。

如果不能接纳真实的自己，那就无法幸福。为什么呢？因为与其他工具不同，我们不能因为不满意"我"这一工具就将其换成其他的"我"。不管有多少缺点，我们都只能与这个"我"相处到死亡。

刚刚说到"我"这一工具无法换成其他工具，上一讲我们讲过"我"使用"心灵"或"身体"。如果按照上一讲的内容来说的话，我们必须严格选择措辞，无法替换的是使用心灵或身体的"我"这一工具。

心灵会发生变化，或许可以使用心之机能这一说法。阿德勒将如何看待自己、他者或世界称为"生活方式"，这一般也被称作"性格"。"我"是否改变这种生活方式的决心取决于心灵。一旦生活方式或性格改变，人看上去好像也会发生变化，尽管如此，决心改变这些的还是"我"。

那么，人是否能够完全按照自己所愿来决定生活方式呢？并非如此。因为在决定生活方式的时候会有很多影响因素，那都会对"我"的生活方式的选择产生影响。

就身体而言也是一样。明明认为自己还很年轻，却又不得不意识到年龄的增长。另外，即使年轻人也有突然病倒的情况。到了这种时候，决定怎么活的是"我"，即便是自己的身体状态发生了变化，"我"也不会变。

大家回顾一下之前的人生是怎么样的。很多父母将理想强加给孩子，孩子也按照父母的期待拼命努力。即便最初是父母强加给自己的理想，最后自己也努力成了理想的自己，或许孩子并不认为是自己受到了强迫。

　　记得我还在上托儿所的时候，祖父就对我说"你是个聪明的孩子，长大后去日本京都大学吧"。当时我其实并不真正懂得那是什么意思，但想着肯定是认可自己优秀，于是就非常得意。

　　像这样在父母、老师等的期待之下长大的孩子会担心有一天无法满足大人的期待。一旦未取得父母期待的成绩，他们马上就会觉得自己没有价值，是无用之人。

　　这是我上高中时候的事情。看到发下来的英语作文卷，我瞬间想到这可能不是老师自己出的试题，于是我在放学路上去书店找了几本英语作文试题集查看。最后，我发现老师发的试卷就是将其中一本试题集上的问题原封不动地印刷上去了。我当即买了那本试题集。回家进行第二天课程预习的时候，我十分想看一看那本试题集的答案。心里想着一开始就看答案恐怕不行，但若是自己写完之后再看的话应该是可以的吧。这样想着就去看了一下答案，一边安慰自己反正又不是抄答案，只不过是参考一下而已，一边看着

189

答案完成了预习。

在这门课上，首先学生要将自己的答案写在黑板上，然后老师边解说边修改学生写的作文。我是看着答案写的，所以我的这篇英文作文当然十分完美，因此，老师一点儿也没有订正。老师还对我说："你的英语很好！"

自那以后，我认为自己必须符合老师的期待。只要看答案的话，我就能够写出完美的英文。然而，虽然通过这种方式让老师认为自己是一个英语好的学生，但我的英语能力并不会因此而提高。

如果知道自己英语不好的话就会接受英语不好的现实，但那时却想着必须符合老师的期待。因此，我感觉十分辛苦，因为那个时候的我活得并不真实。

不仅仅是学习，其他的行为也是如此的话，那就是一个大问题了，即他者的评价成了自己的行为标准。例如，在与人交往中，一旦被人说"你可真是一个讨厌的人"，就会十分失落。但是，那只不过是别

190

人对自己的评价而已，自己的价值并不会因为别人的评价而有所降低。相反，倘若听到"你可真是个好人啊"，也许就会欢欣雀跃。但同样，那只是别人对自己的评价而已，其评价并不会提高自己的价值。

在工作中也会发生同样的事情。工作离不开评价，如果无法获得某种结果的话，评价就会降低。但是，即便在这样的情况下，评价工作和评价自己的价值并不一样。虽然我们有必要努力提高工作方面的评价，但绝对没有必要因为工作做得不够优秀就贬低自己。

进一步讲，就算是在工作中，所有评价也未必都正确。年轻人进公司之后谁都不清楚其能胜任什么样的工作。当今时代，如果员工做不出成绩的话，那就很难继续在公司待下去。即便是大学教师也必须每年写几篇论文并在学会发表。但是，我并不认为真正独创性的研究可以在一两年内就出成果。因此，即使年轻人无法立即拿出成果，或者说其成果得不到合理评价，也不必绝望。

即使拼命学习或工作，我们也不一定就能取得好结果。如果是这样的话，在学习或工作方面无法取得好结果就是当前真实的自己。因此，如果有必要取得好结果的话，我们就必须从做得不好的地方开始着手，努力学习或工作。

假如职场中突然需要我们学习英语，那么，即便自学生时代起就一直没有学过英语，也不要找任何理由，而只能去努力学习。很多人说没有年轻时候那么好的记忆力，事实上，记忆力并不会随着年龄的增长而衰退。如果我们像备考时候一样认真学习的话，不仅仅是英语，大部分事情都能够了如指掌。

不过，倘若你怀疑是否真的需要英语，那就去问问公司或者上司，我认为这一点非常重要。无论是公司还是上司，觉得员工唯唯诺诺遵照吩咐行事是理所当然，对不服从的人大加责难，我认为这才是问题。

可能有点儿跑题，所谓"真实的自己"，既不是由别人强加给自己的理想的自己，也不是自身赋予自己的理想的自己。与平时的自己和现实的自己之间的背离会引起自卑感，只要想着成为理想的自己就无法真实地活着。

不要活在可能性中

我们进一步思考一下"真实地活着"是什么意思。

具有神经质性格的人总是想着"如果……的话"，一直活在可能性中。这样的人害怕挑战人生课题后所面临的明确结果。

例如，父母常常对孩子说："实际上，你很聪明，所以，如果认真学习的话，明明可以取得更好的成绩。"被这样说的孩子会不会认真学习呢？恐怕不会。因为，比起去面对认真学习却无法取得好成绩的现实，他们更愿意活在"如果学习的话"这样一种可能性之中。

并且，这种性格的人用阿德勒的话说就是想要

"原地踏步""让时光停住"。面对人生课题总是踟蹰不前，这么做的目的恐怕也很明确，那就是不愿面对结果。并且，这样的人还会找出一大堆回避人生课题正当化的理由。他们常常采取"是的，但是"这样的说话方式。在说"但是"的时候，他们就已经表明了"不想做"的决心了。

但是，即使得不到想要的结果，即使失败，也应该先去试一试吧。结果迟早会出来，因此，最好勇敢面对，我们只能在此基础上去想对策。不再活在可能性中，勇敢地直面现实，这就是真实地活着。

人活在时间长河中

我们也可以将"sachlich"一词用在时间方面，这就是放下过去和未来，活在"现在"。

在本讲一开始提到的"活在当下"这种说法来源于古罗马的斯多葛学派哲学。例如，罗马帝国皇帝马

可·奥勒留在《沉思录》中就说过这样的话："即使
活上三千年，甚至三万年，你也应该记住：人所失去
的，只是他此刻拥有的生活；人所拥有的，也只是他
此刻正在失去的生活。"

感觉三千年或者三万年似乎有些太长了，但活多
少年不是问题，不论是刚出生不久的孩子还是已经活
了很久的人都只能活在"当下"。

马可·奥勒留接着说："因此，生命的长短没有什
么不同。"

就像沙子从手中撒落一样，已经流走的过去和尚
不存在的未来，我们都无法拥有。

"此刻对于所有人都是一样的，那正在失去的也是
一样。所以，我们失去的不过是单纯的瞬间。因为人
无法失去过去和未来。谁又能将一个人本就没有的东
西夺走呢！"

我们并不拥有过去和未来。虽然马可·奥勒留说
"现在是我们正在失去的"，看上去似乎我们能够拥有
正在失去的现在，但其实我们也无法拥有现在。

195

"每个人的生命都只存在于瞬息般的此刻。在这之外都是已经结束、永不复返或者难以预料、模糊不定的东西。"

人活在时间长河中。古希腊哲学家赫拉克利特曾说"人不能两次踏入同一条河流"。也就是说，这个世界上的一切都在不断运动，静止不变的事物根本不存在。

此外，谁都不知道未来会发生什么。从这个意义上来讲，未来是"不确定的东西"。即使你想象着明天一定会是这样，也不会真正如愿。

按照常识，人们一般将人生看成是始于出生、终于死亡的直线式运动。但因为像前面说过的那样，我们并不拥有过去和未来，所以生命是否长久并不是问题。我们只是活在此刻这一点上，这些点的连续就是人生。我们不断积累生命中的每一个此刻，回顾起来便已经活了很长时间，但究竟活了多久本来就不是问题。

年纪轻轻就去世的人有时候被说成是半道而殂，但若是像马可·奥勒留那样想的话，本就不可能存在"半道"一说。

放下过去

过去"已经结束",不复存在,也无法找回。即便我们再怎么怀念,也无法回到那个时候。

或许有人想要将现在活得不如意的原因归咎于过去经历的事情,可若是没有时光机的话,我们根本无法回到过去。倘若如此,因为我们无法消除其原因,所以,今后也就只能一直痛苦下去。

对于孩子来说,父母的影响非常大。有的人在长大之后得知自己成长经历的时候,会将自己现在活得痛苦的原因归咎在父母身上。但是,很明确的一点是:因为孩子今后还必须活下去,所以也就不能总是拘泥于过去的事情。

父母并不会恨孩子。有时候,我会对因为孩子厌学而来咨询的人说"你并不是坏父母,而是不高明的父母。"他们只是不懂得如何与孩子建立良好关系。

从父母角度来说的话,育儿可以说是后悔的"集大成"。父母往往会在事后想到很多后悔的事情,常常想当时要是不那么做就好了。我一般会对父母说："今后如果想要改善与孩子之间关系的话，就一起学习育儿方法吧！"

即便是育儿或者养老做得不够完美，那也并不会即刻就对孩子或父母的状态产生恶劣影响。就育儿来讲的话，无论父母对孩子做了多么过分的事情，孩子总会接纳这样的父母。要是一不留神对那样的孩子说了关于他们父母过分之类的话，有时候还会得到"即使看上去这样，但这样的父母还是有好的地方"之类的回答。

当父母做得过分的时候，孩子最好还是勇敢地指出父母的错误。假设父母在育儿过程中虐待孩子，对此，孩子如果不接受而是去反抗父母的话，当他们自己在当了父母养育孩子的时候就能够摆脱虐待孩子的恶习。但有时候令人遗憾的是，接受父母虐待行为的孩子会想着父母其实是爱自己的，也会像自己曾经被父母虐待一样去虐待自己孩子。或许这是因为，虽然自己虐待孩子但依然是爱孩子的，就像相信自己的父母虽然曾经虐待自己但他们依然是爱自己的。

于是，虐待便成了一种连锁反应。如果认为教育的本来目的是自立的话，孩子厌烦父母，离开父母的家，这在某种意义上也可以说是教育的成功。

放过未来

未来也必须放下。与其说未来"尚未到来"，倒不如说根本"不存在"。虽然一想到未来就会不安，但对于只有到时候才能知道的事情，即使现在感到不安也没有意义。

如果孩子不去上学的话，父母就会焦虑地想孩子会不会一直这样在家里待着，而孩子自己也会很不安。虽然父母希望孩子尽早回学校上学，但父母若是不为并不确定的未来焦虑不安，而是能够认为孩子在家里平安无事地待着就非常难得的话，焦虑情绪就会渐渐消失，亲子关系也会随之发生变化。

　　即使亲子关系好转了，父母也并不清楚孩子是否会去学校上学，因为去不去学校是孩子自己决定的事情。但重要的是，待在家里的时刻对孩子来说就是真实的人生，而绝不是假定的人生，更不是为之后复学的准备阶段或者彩排。

　　同样的道理适用于任何人。任何时候都不是准备阶段或者彩排，而是正式的人生时刻。生病住院对我来说也是真正的人生，并不是出院之后才开始真正的人生。

　　如果不知道接下来会发生什么的话，人们就会很不安。但是，我们如果能够看透未来一切的话就真的好吗？或许并非如此。就像上一讲中所说的那样，人生只透进一些微弱的光，所以我们才觉得能够看到前方，仅此而已。

聚焦当下

　　正如前面所说，我们不要活在过去或未来的束缚之下，要聚焦当下，并且积极地思考什么样的生活方式最好。阿德勒在《性格心理学》中说一旦人们失去与现实之间的联系，"就会忘记人生要求，即作为人必须给予他者什么"。

我们能够给予他者什么呢？所谓"给予"，用之前的话讲就是"做出贡献"，但就像之前所讲的内容那样，并不是只有通过做什么才能够有所贡献。自己活在"当下"，这本身就可以贡献他者、给予他者。

能够这样想当然不容易。从小就被教导必须有所作为，长大之后也被嘱咐必须成功，就连自己也强迫性地自我激励，这样的人即使听到有人说"你也可以什么都不做"，恐怕也很难一下子接受。

但是，就像在第4讲中看到的一样，我们随着年龄的增长或者因为生病，即使各种各样的事情都做不了了，自己的价值也不会消失。即使生病了需要家人的帮助，也不必纠结是否给其增添麻烦，其实家人也可以在照顾或护理自己中获得贡献感。

能够认为自己活着就是在对他者做贡献的人也能

宽容地对待他者。如果以亲子关系为例的话，无论孩子去不去学校上学，仅仅因为孩子活着就能够感受到喜悦。

刚刚讲的"他者贡献"就是活着的目标。目的或目标不必在未来。即使什么也没有完成，仅仅活在"当下"就是在对他者做贡献，正因为以此为目的和目标活着，所以"活在当下"并不意味着享乐主义式地活着。

如果能够明白即使没有完成什么也是在对他者做贡献的话，那就能够做到不期待未来地幸福地活在"当下"。就像遭受着剧痛的人即使听医生说"明天就不痛了"，剧痛也不会好一样。"没有不会亮的夜"或者"黎明前最黑暗"之类的说辞只能当安慰话听一听而已。

对生病的人说"恢复健康后再工作吧"也是一样。对于现在无法恢复健康的人来说，恐怕并没有什么用。但是，是不是如果病治不好就不能对他者有所贡献呢？并非如此。如果能够恢复健康或许就能够重新去工作，但若非如此，现在也已经在对他者做着贡献，这一点必须跟患者说明白。

从患者角度来讲，卧病在床、什么也做不了的现在这一时刻并不是将来病愈后能够重新开始工作之日的准备阶段，即便没有恢复健康，那也是真实生活。

即便不生病，活着也很辛苦。但是，人的价值就在于活着，所以，无论人生多么辛苦，我们都要下定决心活下去，这就是真实地活着。

答疑

Q 您说只要过好每一天就不会再去焦虑明天了，真的是这样吗？例如，以奥林匹克运动会为目标的运动员每天勤勤恳恳地努力准备，却遇到了奥林匹克运动会因一些因素中止或延期之类的情况，这种时候一定会非常遗憾吧。

A 如果运动员遇上了奥林匹克运动会中止或延期的情况，他们或许会非常失望吧。我自己也遇到过类似情况，花很长时间写了一本有关韩国电影的书，即将要出版的时候，因一些原因不得不暂停出版，当时我心中十分懊恼。衷心希望因为奥林匹克运动会延期而备感遗憾的运动员，即使中止或者延期奥林匹克运动会，有一天他们也可以某种方式展现出练习成果。

不过，运动员日日苦练也并不仅仅是为了取得成果吧。比起取得成果，练习的过程也非常重要，并不是只有取得成果才好。

我曾经跟日本拳击运动员村田谅太进行过对谈。他说自己能够参加比赛是很多人的功劳。虽然事情的确如此，但我对他说："一旦站在拳击场上，就不必再去想着支持自己的人。因为，看到你在拳击场上奋战的姿态，孩子们可以获得梦想，大人们能够鼓起勇气。"

真正支持选手的人不会拘泥于结果的胜负，选手自己也不必因为结果不理想而道歉。

如果没有获得预期结果，那就马上投入练习吧。用本讲的内容解释就是，每天不断积累"当下"的练习才是一切。

不仅仅是体育运动。人生也会遇到很多愿望无法实现的情况。或许也有人虽然非常努力地学习，但依然还是无法考上自己理想的大学。那么，遭受这种打击的人是不是今后就再也不学习了呢？

恐怕不是。如果是真正懂得学习乐趣的人，就不会那么做。

大提琴演奏家杰奎琳·杜普蕾因多发性硬化症病倒的时候年仅28岁。某场音乐会的时候，她的手腕和手指失去了知觉，在与病魔作了长期斗争之后，42岁即与世长辞。

尽管如此，在患病期间，她却从未被打垮。虽然不能再作为大提琴演奏家继续曾经的活动，但她之后仍然作为打击乐器演奏者登上过舞台，并且还曾担任普罗科菲耶夫《彼得与狼》的朗诵者，她并未放弃音乐。杰奎琳·杜普蕾作为优秀的大提琴演奏家给世人留下了著名的演奏，即使在不能演奏大提琴之后，她那不向病魔屈服，努力生活的姿态依然打动着人们的心。

Q 我非常明白真实地活着是怎么一回事，但人总不能一直朝下看吧？

在第1讲中提到过的泰勒斯，他有一次为了观察星星走到了家外面，却掉进了水沟。一位老婆婆对大声哭泣的泰勒斯说："泰勒斯，你连脚下的东西都看不到，难道还想着能够去了解天上的事物吗？"

如果只看着天上的话，或许会像泰勒斯一样掉进水沟里。但是，倘若只看着脚下走路的话，或许不会掉进水沟里，但可能会撞上别人而跌倒。为了避免这种情况的发生，我们必须认真看清自己现在所处的位置。在注视脚下真实地活着的同时，也不能丢失理想。

Q 在第3讲中曾经说到阿德勒认为人并不分同伴和敌人，所有的人都是同伴。但这样的想法是不是太过理想主义了呢？

A 理想正因为与现实不同，所以才是理想。如果只追认现实，也就是仅仅描述现实如何的话，那就无法让这个世界变得更好。现实主义始终止于说明现实，并不具备改变现实的力量。只有首先提出理想，才能不断向其靠近。

让这个世界变得更好，这也就意味着这个世界的现状尚不够完美，还不符合理想。柏拉图将这种理想称为"理念"。我们能够从世上各种各样的事物中找到理念的影子，但又都不够完美。重要的是不要将理想与这个世界上的任何事物混为一谈。我们必须对照着理想中的正义不断去检验这个世界上发生的事情，绝不可以不加批判地接受。

使这种检验成为可能的就是哲学。在第2讲的答疑中也说过了，哲学不应该是对现状的说明和追认，而必须是应该论。学习哲学并遵从自己理想的人无论处于何种困境之下，都能够冷静分析所发生的事情，并积极思考如何应对。

Q　在新冠肺炎蔓延的世界，怎样才能做到满怀希望
　　地活着呢？

A　有一个词叫"大流行病"（pandemic）。这是一
个用于像新冠肺炎这样在世界多个地域同时流行
的疾病的词语，其词源是意思为"所有人"的
"pandemos"这一古希腊语。

因此，当前所发生的事情不是国难，而应该说是
"international crisis"或者"danger"。它不是
仅仅降临到一个国家的灾难，而是降临到所有人
身上的灾难。也就是说，即便不是发生在自己国
家的疾病，我们也对此负有责任。更不用说现在
是发生在世界各国的疾病了，所有人都有责任。
因此，我们必须超越国家差异，大家齐心协力共
同克服疾病。

阿德勒说"勇气会传染"。疾病会传染所有的
人，而为了克服这种疾病，我们也必须将"勇

气"传染给每一个人。那么，我们需要什么样的勇气呢？

首先是具备能够视他者为同伴的勇气。只有能够做到这一点，人们才会想要齐心协力共同面对。也就是说不能去追问这种疾病的源头在哪里之类的事情。

其次是具备既不悲观也不乐天的勇气。悲观的人会认为"无计可施"而放弃抵抗。阿德勒说悲观主义者缺乏应对状况的勇气。另一方面，乐天的人会认为"总会有办法的"，同样什么也不去做。这类人什么也不做，一味地依赖他人，也就是期待着即使自己什么都不做也会发生奇迹般的事情，并能够脱离困境。

既不是拥有悲观主义也不是选择乐天主义，我们必须采取"乐观主义"的态度。的确，面对当前发生的疾病，我们有能做和不能做的事情。疾病也不会按照人类的意愿而根除。即便如此，我们也只能做些可以做的事情。

很多事情仅凭个人力量根本无计可施，这样的事情必须依赖国家，即便如此，应该提出异议的时候也要勇敢提出，不可以认为"没有办法"而消极地放弃。

最后，在今后的生命中，我们必须拥有辨别是否为真正重要事情的勇气。如果什么事情也不发生的话，那或许我们不会对很多人所共有的价值观产生疑问，但我们必须对此保有质疑精神，不可以认为其是理所当然之事。

按照我的理解，让我们质疑自己的价值观，认真思考人生意义的就是哲学。

阿德勒在《人生意义心理学》中说："没有普遍性的人生意义。人生意义是你给予自己的东西。"

这并不是说人生没有意义，而是指"普遍性"的人生没有意义，也不存在适用于所有人的人生意义。很多人认为成功才是人生意义，毫不怀疑地将成功定为人生目标。但事实并非如此，人生的意义必须由我们自己去探寻。